零基础
图像处理

Ps

从入门到精通

沛　林◎主编

CIS K 湖南科学技术出版社 · 长沙

图书在版编目（ＣＩＰ）数据

零基础图像处理从入门到精通 / 沛林主编 . — 长沙：湖南科学技术出版社，
2024.1
　　ISBN 978-7-5710-2557-1

　　Ⅰ．①零… Ⅱ．①沛… Ⅲ．①图像处理软件 Ⅳ．① TP391.413

　　中国国家版本馆 CIP 数据核字（2023）第 248394 号

LING JICHU TUXIANG CHULI CONG RUMEN DAO JINGTONG

零基础图像处理从入门到精通

主　　编：沛　林
出 版 人：潘晓山
责任编辑：杨　林
出版发行：湖南科学技术出版社
社　　址：湖南省长沙市开福区芙蓉中路一段 416 号泊富国际金融中心 40 楼
网　　址：http://www.hnstp.com
印　　刷：唐山楠萍印务有限公司
　　　　　（印装质量问题请直接与本厂联系）
厂　　址：唐山市芦台经济开发区场部
邮　　编：063000
版　　次：2024 年 1 月第 1 版
印　　次：2024 年 1 月第 1 次印刷
开　　本：710mm×1000mm　1/16
印　　张：15
字　　数：270 千字
书　　号：ISBN 978-7-5710-2557-1
定　　价：59.00 元

Photoshop 是一种非常强大的图像编辑和处理软件，被广泛应用于各种行业和领域：在图片处理方面，它提供了各种工具和功能，可以用于调整图像的颜色、亮度、对比度、饱和度等属性，以及对图像进行裁剪、旋转、变形等操作，从而达到理想的图片效果；在插画设计方面，它的画笔、图层和蒙版等功能，使得用户可以轻松地创建各种艺术效果和插画作品；在电商美工方面，它可以用于制作各种类型的电商图片，例如，商品详情页、广告图、海报等；在数码照片处理方面，它提供了多种照片修饰工具，可以用于修复照片中的瑕疵、调整照片的色彩和光线等，使得照片更加美观。此外，在园林设计和影视包装方面，Photoshop 也经常被使用。

无论你是从事设计工作的专业人士，还是普通的爱好者，都可以通过学习掌握 Photoshop 的各种功能和技巧，从而更好地表达自己的创意和想法。

本书总共分为 10 章，主要介绍图像处理和 Photoshop 的基础知识、图层的概念及操作、选区的使用、色调与色彩的调整、绘图工具及其使用方法、修饰与编辑图像、通道与蒙版的基本应用、路径的基本应用、文字的基本应用、滤镜的应用等。

本书从实用的角度出发，全面系统地讲解了 Photoshop 的各项功能和使用方法，其具体的特点包括以下几点。

◆ 语言通俗，由浅入深

本书用浅显易懂的语言，较小的篇幅来讲解每一个知识点，由浅入深，循序渐进，即便没有接触过图像处理的，也能快速掌握用

Photoshop 处理图像的方法。

◆ 步骤清晰，图文并茂

书中对软件的使用方法的讲解详细清晰，并配有插图，便于读者理解具体的操作步骤，读者结合图文在软件上进行实操，很容易就能掌握软件的使用技巧。

◆ 内容全面，重点突出

本书涵盖了学习 Photoshop 所必备的基础知识，不仅有对图像处理基本概念的讲解，也有对常用工具和命令的介绍，能够满足新手读者的学习需求。针对难度比较大的知识点，进行了大篇幅的讲解。

本书适合那些想快速掌握 Photoshop 的零基础读者自学使用。在编写本书的过程中，笔者致力于为读者提供精练、易懂、实用的内容，但由于能力有限，加之时间仓促，书中难免有疏漏和不足之处，敬请广大读者给予批评指正。

目 录 CONTENTS

第6章　修饰与编辑图像

第7章　通道与蒙版

第8章　路径的基本应用

第9章　文字的基本应用

第10章　滤镜特效

Chapter

01

第 1 章

图像处理和
Photoshop
的基础知识

导读 ▷

Photoshop作为处理图像的专业软件，在各行各业都有着非常广泛的用途。本章主要介绍了图像处理的基本概念和Photoshop的基础知识，包括像素、分辨率、图像类型、图像色彩模式、图像文件格式及软件的菜单栏、工具栏、属性栏、状态栏、控制面板等，方便读者快速熟悉软件。

学习要点：★ 了解像素、分辨率和图像类型的概念
　　　　　★ 掌握图像的色彩模式和图像文件格式
　　　　　★ 熟悉软件的工作界面和基本操作

1.1 图像处理的基本概念

在用 Photoshop 软件处理图像前，首先要了解图像的相关概念，本节主要介绍了像素、分辨率、图像类型、图像的色彩模式以及 Photoshop 的图像文件格式等基础知识。

1.1.1 像素

在图像处理中，经常会遇到像素这个词，像素这个词由英文单词 Pixel 翻译而来，它是构成位图图像的最小单位。一张位图通常是由许许多多的像素组成的，这些像素以行与列的方式分布，把图片放大到足够大的比例，会显现出很多小方块，这些小方块都有一个明确的位置和被分配的色彩数值，小方格的颜色和位置决定了图像呈现出来的样子。图像的大小相同，像素越多，图像越清晰。图 1-1 为 100% 显示的图像，把这张图像放大到足够大的比例时就可以看见构成图像的方格状像素，如图 1-2 所示。

图 1-1

图 1-2

1.1.2 分辨率

分辨率是描述图像文件属性的术语，用于度量位图图像内数据量的多少，图像包含的数据越多，图像文件的长度就越大。分辨率可分为图像分辨率、输出分辨率和屏幕分辨率等。

◆图像分辨率：图像中，单位长度上的像素数目被称为图像的分辨率。单位长度上像素越多，分辨率就越高，图像就越清晰。其单位有像素／英寸和像素／厘米。如一张图像的分辨率为300像素／英寸，表示该图像中每英寸包含300个像素。那么，就可以用下面的公式计算图像的尺寸：图像尺寸＝像素数／分辨率。

◆输出分辨率：图像输出设备在输出图像时每英寸所产生的油墨点数叫作输出分辨率。常见的图像输出设备有绘图仪、激光打印机等。

◆屏幕分辨率：屏幕分辨率是指显示器上每单位长度显示的像素或点的数目，单位为"点／英寸"。如80点／英寸表示显示器上每英寸包含80个点。在屏幕尺寸一定的情况下，图像的分辨率越高，屏幕的显示效果就越清晰。

实用贴士　　在打印输入图像之前，要调好图像的分辨率，图像的分辨率太高，图像太大，会影响打印机的打印速度，图像的分辨率太小，会使打印出来的图片模糊不清。

1.1.3 图像类型

在处理图像的时候，一般会先对这个图像的类型有个基本的认知。图像文件可以分为两大类：位图和矢量图。

1.位图

位图在图像技术上称为栅格图像，它由网格上的点组成，这些点称为像素。位图的分辨率通常用ppi来表示。位图包含固定数量的像素，并且为每个像素分配了特定的位置和颜色值。位图的优点是图像很精细，处理起来也简单方便；缺点是不能任意放大显示或印刷，否则会出现锯齿边缘和类似马赛克的效果。

在Photoshop中，系统默认的显示分辨率是72ppi；在网络上使用的图像，分辨率通常为72ppi或96ppi；用来印刷的图像分辨率至少为300ppi。

2.矢量图

矢量图，也称向量图，是由直线或者曲线来描述的图像。组成矢量图的图形元素称为对象。矢量图与分辨率无关，被任意放大后打印也不会丢失细节或者降低清晰度。矢量图是基于线段的，不适合记录丰富多变的色彩图像，不能像位图那样精确地描绘各种绚丽的景象。

1.1.4　图像的色彩模式

颜色模式决定了显示和打印电子图像的色彩模型。它可以方便使用各种颜色，不必每次使用颜色都重新调配。经常使用的色彩模式有 CMYK 模式、RGB 模式、索引模式、灰度模式、位图模式等。每一种模式都有自己的优缺点及适用范围，这些模式都可以在模式菜单中选取，根据图像处理要求的不同，可以对色彩模式进行转换。下面介绍几种主要的色彩模式。

1.CMYK模式

CMYK 的色彩模式，是一种减色色彩模式，那么什么是减色色彩模式呢？简单说来，当一束光照射到物体上时，物体会吸收一部分光线，并对未被吸收的光线进行反射，反射的光线就是看到的物体的颜色。CMYK 色彩模式主要用于印刷领域。CMYK 代表印刷用的四种颜色：C 代表青色，M 代表洋红色，Y 代表黄色，K 代表黑色。CMYK 颜色面板如图 1–3 所示。这种色彩模式引入了黑色，这是因为 C、M、Y 分别是红、绿、蓝的互补色，这 3 种颜色混合在一起只能得到暗棕色，而得不到真正的黑色。

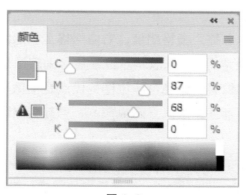

图 1–3

2.RGB模式

与 CMYK 模式不同，RGB 模式是一种加色模式。显示器屏幕上的所有色彩都是由红、绿、蓝这 3 种颜色按照不同的比例混合而成的。对于彩色图像中的每个 RGB（红色、绿色、蓝色）分量，为每个像素指定一个 0（黑色）到 255（白色）之间的强度值。不同图像中 RGB 的各个成分也不尽相同，R 的值越大，则色彩越接近红色，当 R、G、B 的值都是 255 时，结果显示为纯白色。RGB 颜色面板如图 1-4 所示。

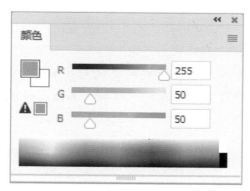

图 1-4

RGB 模式有 24 位图像和 48 位图像，24 位图像可以将每个像素转化为 24 位（8 位 ×3 通道）信息。对于 24 位图像，约有 1677 万种可能的颜色。这 1677 万种颜色足以表现出绚丽多彩的世界。而 48 位图像（每个通道 16 位）则可重现更多的颜色。

3.索引模式

索引模式又称映射色彩模式，该模式的像素只有 8 位，即图像最多支持 256 种颜色。当图像转化为索引颜色模式时，如果原图像中的某种颜色没有出现在该表中，Photoshop 将选取最接近的一种或使用仿色来模拟该颜色。图像如果使用索引颜色模式，在保证视觉效果丰富的同时，它的文件大小可以非常小，这种模式非常适合多媒体动画和 Web 页面使用。索引颜色面板如图 1-5 所示。

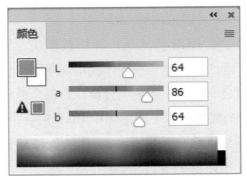

图 1-5

　　在将图像转为索引模式时要注意：如果图像包含多个图层，那么图像在转为索引模式时，所有可见图层将被合并，所有隐藏图层将被删掉。

4.灰度模式

　　平时常见的黑白照片，其实就是灰度模式下的照片。通常把一张彩色图片用 Photoshop 转化为黑白色，其实就是把它的色彩模式调为灰度模式。一个彩色图像被转换为灰度模式后，它的颜色信息会丢失。虽然 Photoshop 允许将图片从灰度模式转换为彩色模式，但并不能将丢失的颜色信息还原。所以，要把一张彩色图像转换为灰度模式，就要对该彩色图像做好备份。灰度模式的图像只有一个描述亮度信息的通道，即灰色通道。灰度颜色面板如图1-6 所示。

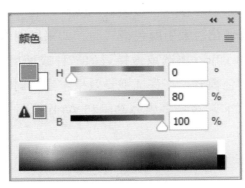

图 1-6

1.1.5 Photoshop 的图像文件格式

处理完一个文件之后，就会对这个文件进行存储。这时，选择一个合适的文件存储格式就显得非常重要。选择【文件】→【存储】或【文件】→【存储为】命令后，打开【存储为】的对话框，在【文件类型】下拉列表中可看到很多类型的文件储存格式，如图1-7所示。

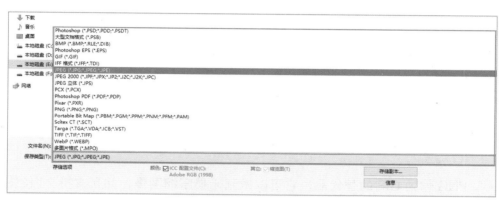

图 1-7

下面就来了解一下，在处理图像过程中经常会使用哪些类型格式的文件，各有什么优缺点，现说明如下：

1.PSD格式

Photoshop 默认保存的文件格式，其可以保留所有图层、色板、通道、蒙版、路径、未栅格化的文字以及图层样式等。采用这种格式保留的文件，以后还可以打开继续编辑处理，其缺点是占用的磁盘空间比较大。

2.BMP格式

BMP 图像文件格式是 Windows 操作系统专有的图像格式，BMP 格式可以使用 24bit 色彩渲染图像，具有极为丰富的色彩。在存储 BMP 格式文件时，还可以进行无损失压缩，以节省磁盘空间。

3.GIF格式

GIF 格式的图像文件容量比较小，形成了一种压缩的 8bit 图像文件。此格式的图像可以进行 LZW 无损压缩，并且支持透明背景和动画，被广泛运用于网络中。

4.EPS 格式

EPS 图像文件格式是排版中经常用到的图像文件格式，它在 Illustrator 和 Photoshop 之间可以交换使用，大多数图像处理软件都支持这种格式。它另一个特点是能同时支持位图图像和矢量图像，并支持位图、灰度、索引、RGB 以及 CMYK 色彩模式。

5.JPEG 格式

JPEG 和 JPG 是一种采用有损压缩的文件格式，它可以把文件变得很小，也容易丢失一些不易察觉的数据信息，在印刷的时候，不宜采用该格式。

6.PNG 格式

PNG 作为 GIF 的替代品，它可以做到无损压缩图像，并且支持 24 位图像，产生的透明背景没有锯齿边缘。图片被保存为这种格式，不用抠图即可被反复使用在各项图像设计中。

7.TIFF 格式

TIFF 文件格式是一种灵活的位图图像格式，几乎被所有的绘画、图像处理和图书排版等软件支持。TIFF 格式是一种无损压缩格式，支持 RGB、CMYK 等色彩模式，在 RGB、CMYK 等模式中支持 Alpha 通道的使用。印刷中常采用这种格式。

实用贴士　　透明底色图片在平面设计、动画制作以及视频编辑中有着广泛的应用，能使图像保持透明底色的图片格式有 PNG、GIF、TIFF 等。

1.2 Photoshop的基础知识

在了解了有关图像的基础知识之后，再来了解一下处理图像的 Photoshop 软件，熟练掌握 Photoshop 工作界面中的内容、一些常规设置、图像和文件管理以及图像与画布尺寸的调整等，有助于初学者日后得心应手地使用软件。

1.2.1 认识工作界面

要熟练、正确地使用 Photoshop 进行图像处理，首先要熟练掌握它的工作界面。Photoshop 的工作界面主要包括菜单栏、工具箱、属性栏、状态栏和控制面板等几部分，如图 1-8 所示。

图 1-8

1.菜单栏

菜单栏就像在餐馆中点菜所用的菜谱，它共有 12 项，分别是【文件】菜单、【编辑】菜单、【图像】菜单、【图层】菜单、【文字】菜单、【选择】菜单、【滤镜】菜单、【3D】菜单、【视图】菜单、【增效工具】菜单、【窗口】菜单、

【帮助】菜单，如图 1-9 所示。

| Ps 文件(F) 编辑(E) 图像(I) 图层(L) 文字(Y) 选择(S) 滤镜(T) 3D(D) 视图(V) 增效工具 窗口(W) 帮助(H) |

图 1-9

◆【文件】菜单：包含对文件进行新建、打开、存储等命令。

◆【编辑】菜单：包含对图像进行各种编辑的命令，如拷贝、修改、旋转和变换等。

◆【图像】菜单：包含用于设定各种图像模式、调整图像的显示参数以及将图像加以混合、缩放、翻转等命令。

◆【图层】菜单：包含对图层进行新建、复制、删除等命令。

◆【文字】菜单：包含对文字进行操作的各种命令。

◆【选择】菜单：包含选择画面上的某个区域，以及对这个区域进行操作的各种命令。

◆【滤镜】菜单：包含各种各样的滤镜命令。

◆【视图】菜单：包含用于查看图像整体效果的各种命令。

◆【增效工具】菜单：用于增强 Photoshop 功能的加载项软件。

◆【窗口】菜单：包含对窗口可以进行调整操作的各项命令。

◆【帮助】菜单：包含用于提供联机帮助的命令。

实用贴士

菜单栏中的菜单命令有很多显示为灰色，表明这些菜单命令在当前状态下不可用，只有在特定状态下才可用。如果菜单命令的名称后带有▶图标，则表示该命令包含多种命令；如果菜单命令后带有…符号，则表明执行该命令，会弹出一个相应的对话框。

2.工具箱

（1）查看工具

工具箱包括选择工具、绘图工具、填充工具、编辑工具、颜色选择工具、屏幕视图工具、快速蒙版工具、3D 工具等，如图 1-10 所示。

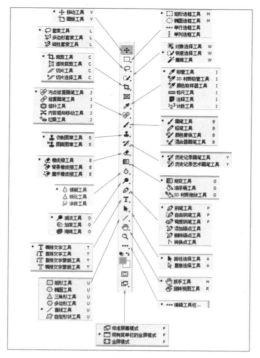

图 1-10

工具的名称，通常情况下是隐藏起来的，只有当把鼠标光标放置在该工具的上方时，它的名称才会显示出来，比如，将鼠标光标置于【移动】工具的上方，此时会出现一个图标显示移动工具的具体名称，如图 1-11 所示。

图 1-11

（2）切换工具箱的显示状态

工具箱有单栏排列和双栏排列两种界面，它们之间可以自由切换。当工具箱显示为单栏时，单击工具箱上方的双箭头图标，如图 1-12 所示，工具箱即可转换为双栏，如图 1-13 所示。

图 1-12

图 1-13

（3）显示隐藏的工具

有些工具功能相似，所以被组合在一起，那些工具图标的右下方有小三角按钮的，就隐藏了一些工具，把箭头指在这类工具的图标上，单击鼠标右键，那些隐藏工具就会弹出，如图1-14所示，这时只需要用鼠标单击选择即可。

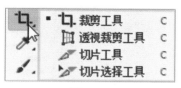

图1-14

3.属性栏

选择使用某一工具，这种工具的属性也会相应地显示出来，可以通过对属性栏进行设置，以实现工具的各种不同功能。例如，当使用【排版文字工具】时，工作界面的上方会出现相应的【排版文字工具】属性栏，如图1-15所示。

图1-15

4.状态栏

当打开一张图像进行图像处理时，该图像的具体信息就会在状态栏中显示出来，如图1-16所示。

图1-16

状态栏一般包括显示比例区、图像信息区。单击图像信息区右侧的三角形按钮，会弹出一个菜单，如图1-17所示。

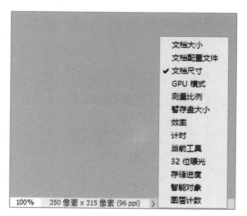

图 1−17

5.控制面板

控制面板是处理图像时不可或缺的部分，为了便于工作，可以调节面板的大小，也可以对面板进行拆分和组合等。

（1）放大与缩小面板

可以根据需要对面板进行放大与缩小，操作步骤如下：

1 面板的展开状态如图1−18所示，单击面板上方的双箭头图标，面板即可收缩，如图1−19所示。

图 1−18

② 如果要展开某个面板，直接单击其标签即可，如【字符】标签，相应的
面板会自动弹出，如图1-20所示。

图 1-19

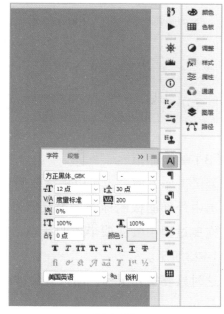

图 1-20

（2）拆分面板

单独拆分出某个面板的操作步骤如下：

① 用鼠标选中该面板的标签并向工作区拖曳，如图1-21所示。

图 1-21

② 这样被选中的面板就会被单独拆分出来，如图1-22所示。

图 1-22

（3）组合面板

为了工作方便，也可以把需要用到的面板组合在一起，操作步骤如下：

1️⃣ 选中外部面板的标签，用鼠标将其拖曳到要组合的面板组中，面板在被拖曳过程中会变成半透明状态，被放置面板的区域出现蓝色边框，如图1-23所示。

2️⃣ 这时只要松开鼠标，面板就会被组合到面板组中，如图1-24所示。

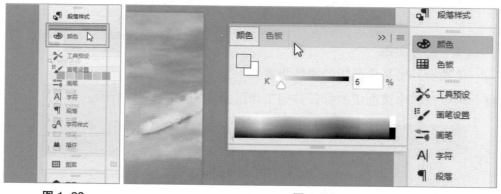

图 1-23　　　　　　　　　　　　　　　图 1-24

1.2.2 常规设置

选择【编辑】→【首选项】→【常规】命令，如图 1-25a 所示。弹出【首选项】对话框，并默认打开【常规】选项界面，在右侧界面可以控制剪贴板信息的保持、颜色滑杆的显示、颜色拾取器的类型等，如图 1-25b 所示。

图 1–25a

图 1–25b

1.拾色器

在【拾色器】下拉列表框中有 Windows 和 Adobe 两个选项。一般选择 Adobe 选项进行操作。在选择 Adobe 拾色器后，单击工具箱中的【前景或背景】色块，弹出【拾色器】对话框，在该对话框中单击【颜色库】按钮，如图 1–26 所示，系统将打开如图 1–27 所示的【颜色库】对话框，在该对话框中进行相应设置即可。

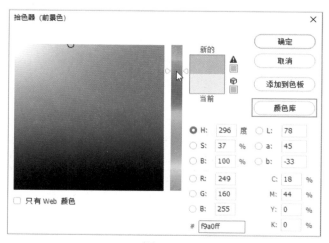

图 1–26

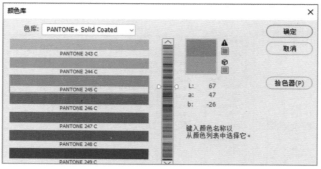

图 1-27

2.光标设置

在【首选项】对话框中选择【光标】选项，在右侧界面可以设置颜色和光标显示方式等，如图 1-28 所示。

在该对话框中有【绘画光标】【其他光标】和【画笔预览】3 个栏。在【绘画光标】栏中有 4 个单选按钮，可用来设置画笔光标的显示方式，选中【标准】单选按钮可将画笔光标显示为图标状，选中【精确】单选按钮可使画笔光标以精确的十字形显示。在【其他光标】栏中可设定其他工具的光标。在【画笔预览】栏中可以设置画笔颜色。

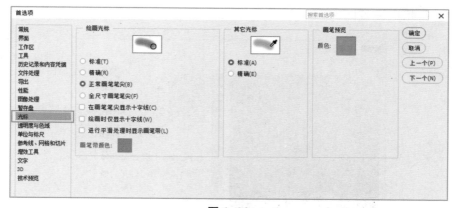

图 1-28

3.透明度与色域设置

在【首选项】对话框中选择【透明度与色域】选项，在右侧界面中有【透明区域设置】和【色域警告】两个栏，在【透明区域设置】栏中可设置透明背景，在【色域警告】栏中可设置色阶的警告颜色，如图 1–29 所示。

色阶是指某个可被显示或打印的颜色范围，色域警告可以提示哪些色彩可以用来印刷，哪些不可以用来印刷。

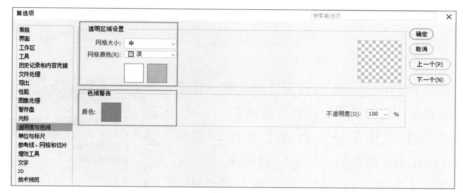

图 1–29

4.单位与标尺设置

【单位与标尺】可以用来指定列宽和间隙，并可以改变标尺的度量单位。在【首选项】对话框中选择【单位与标尺】选项，在右侧界面可对单位、列尺寸等进行设置，如图 1–30 所示。

在【单位】栏中，标尺的度量单位有 7 种，分别是像素、英寸、厘米、毫米、点、派卡、百分比。标尺的显示和隐藏可通过【Ctrl+R】组合键来控制。标尺的列尺寸可在【列尺寸】栏中调整。

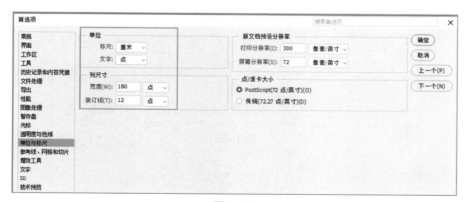

图 1–30

1.2.3 图像和文件管理

熟悉 Photoshop 的操作界面以及进行简单的常规设置之后，就可以试着对图像文件进行简单的操作和管理。下面将介绍 Photoshop 软件的基本操作方法。

1.新建文件

在运用 Photoshop 进行设计时，第一步通常是新建一个图形文件，操作步骤如下：

1️⃣ 执行【文件】→【新建】命令，或按【Ctrl+N】组合键，如图1-31所示。

2️⃣ 弹出【新建文档】对话框，在左侧选择一个项目，在右侧设置画布的长宽、分辨率等预设信息，单击【创建】按钮，如图1-32所示。这样一个文件就新建成功了。

图 1-31

图 1-32

2.打开图像

要对存放在计算机中的图像文件进行处理，必须先将其打开，操作步骤如下：

1️⃣ 选择【文件】→【打开】命令或按【Ctrl+O】组合键，如图1-33所示。

2. 弹出【打开】对话框，选择要打开图像的所在路径和文件类型，并选择要打开的图像文件，单击【打开】按钮，如图1-34所示。

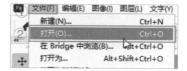

图 1-33

图 1-34

3. 即可打开选择的图像，如图1-35所示。

图 1-35

021

零基础图像处理从入门到精通

3.最近打开文件

除了上面所介绍的打开文件的方式，还可以快速打开最近打开过的文件，这时只需要执行【文件】→【最近打开文件】命令即可，如图1-36所示。

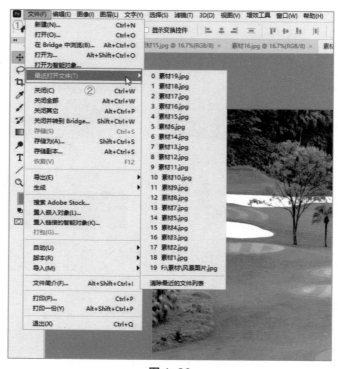

图 1-36

实用贴士

在 Photoshop 中，不能无限制地打开图像，它受内存和磁盘空间的限制，内存和磁盘空间越大，则能打开的文件数量就越多。

4.置入文件

如果想导入一张图片，使用【文件】→【置入嵌入对象】命令，就可以导入 AI、EPS、PNG 等格式的文件，操作步骤如下：

▌1 执行【文件】→【置入嵌入对象】命令，如图1-37所示。

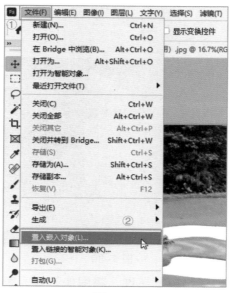

图 1-37

2　弹出【置入嵌入对象】对话框，选择需要置入的文件，单击【置入】按
　　钮，如图1-38所示。

图 1-38

3　图像被置入当前图像中，拖曳图像周围的控制点可以调整图像的大小，
　　如图1-39所示。

图 1-39

4 在图像的控制框中双击鼠标左键，将图像转换为智能对象，同时，【图层】面板中自动生成一个图层，如图1-40所示。

图 1-40

5.复制文件

复制文件的操作步骤如下：

1 对已经打开的文档执行【图像】→【复制】命令。

2 弹出【复制图像】对话框，单击【确定】按钮，如图1-41所示，当前文件会被复制一份，复制的文件将作为一个副本文件单独存在，如图1-42所示。

图 1-41

图 1-42

6.存储文件

存储文件有三种方法，可以使用【存储】命令，也可以使用【存储为】命令，还可以使用【存储为 Web 所用格式】命令。下面分别进行介绍。

使用【存储】命令的操作步骤如下：

在处理完一张图像之后，需要把这个图像保存起来，这时执行【文件】→【存储】命令，或按【Ctrl+S】组合键，如图 1-43 所示。

在处理完一张图像之后，如果需要把修改过的文件和原文件一起存储起来，则使用【存储为】命令，操作步骤如下：

1️⃣ 执行【文件】→【存储为】命令，或按【Shift+Ctrl+S】组合键，如图 1-44所示。

图 1-43

图 1-44

2️⃣ 弹出【存储为】对话框，在对话框中可以为修改过的文件重新命名、选择路径、设定格式，最后单击【存储副本】按钮，如图1-45所示。

零基础图像处理从入门到精通

图 1-45

　　如果处理完的图像要转变为适合网页上使用的文件格式，那么可执行【存储为 Web 所用格式】命令，操作步骤如下：

1　执行【文件】→【导出】→【存储为 Web 所用格式】命令，或按【Alt+Shift+Ctrl+S】组合键，弹出【存储为 Web 所用格式】对话框，如图1-46所示。

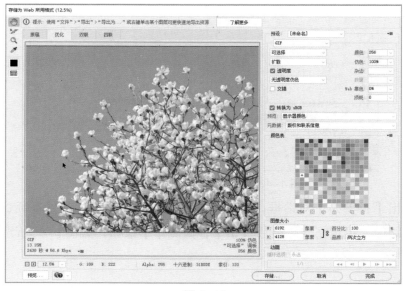

图 1-46

026

2 在【优化】选项的下拉列表中选择保存文件的格式，如图1-47所示。在
【图像大小】选项组中可以重新设置图像的大小，如图1-48所示。设
置完成后，单击【存储】按钮。

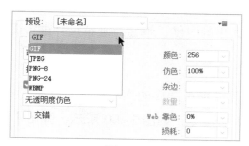

图 1-47

图 1-48

3 弹出【存储为】对话框，设置好存储路径、文件名和保存类型后，单击
【保存】按钮，如图1-49所示。

图 1-49

1.2.4 图像与画布尺寸的调整

图像尺寸的大小会影响图像文件大小以及分辨率，在图像处理的过程中，常常需要通过改变图像尺寸来增大或者缩小图像文件的大小和分辨率等。另外，在调整图像尺寸大小的时候，也会对画布尺寸进行调整。

1.图像尺寸的调整

处理图像，有时需要调整图像的大小，这时只需要打开一张图像，执行【图像】→【图像大小】命令，如图 1-50 所示，弹出【图像大小】对话框，如图 1-51 所示。

图 1-50

图 1-51

【图像大小】对话框各选项说明如下：

◆图像大小：通过改变【宽度】【高度】【分辨率】选项的数值，就可以改变图像的大小。

◆尺寸：显示图像的宽度和高度值，单击尺寸右侧的下拉按钮，可以改变计量单位。

◆调整为：可以对图像尺寸进行更改。既可以选择下拉菜单中的命令对图像进行调整，也可以选择【自定】选项来自由调整。

◆宽度 / 高度：左侧的锁链标志，表示改变其中一数值，另一个数值也会发生相应改变，单击这个图标，可以解除这种约束比例。

◆分辨率：可以调整图片的分辨率。

◆重新采样：勾选该复选框，可以对像素的数值进行重新设置，【图像大小】选项组中的【宽度】【高度】和【分辨率】选项右侧将出现锁链标志，改变数值时三项会同时改变，如图1–52所示。

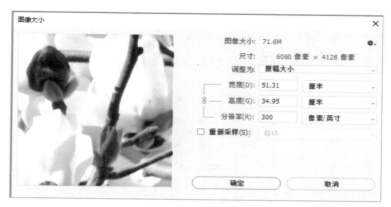

图1–52

2.画布尺寸的调整

画布尺寸的大小是指当前图像周围的工作空间的大小。使用【画布大小】命令可以对画布的尺寸大小进行精确的设置。执行【图像】→【画布大小】命令，如图1–53所示，弹出【画布大小】对话框，如图1–54所示。

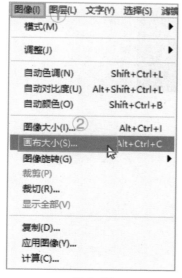

图1–53

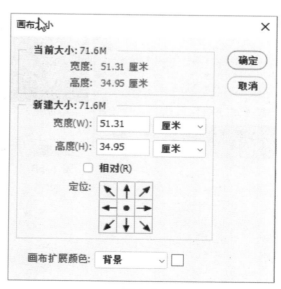

图1–54

【画布大小】对话框各选项说明如下：

◆当前大小：显示的是当前文件的大小和尺寸。

◆新建大小：通过改变【宽度】和【高度】数值，来改变画布尺寸的大小。

◆定位：单击不同方向的箭头，可以设置新画布尺寸相对于原画布尺寸的位置，位于中心的点为缩放的中心点，如图1-55所示。

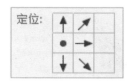

图 1-55

◆画布扩展颜色：在下拉列表中可以选择画布的扩展部分所填充的颜色。单击后面的颜色框，可在弹出的【拾色器】对话框中自定义所需的颜色，然后单击【确定】按钮即可，如图1-56所示。

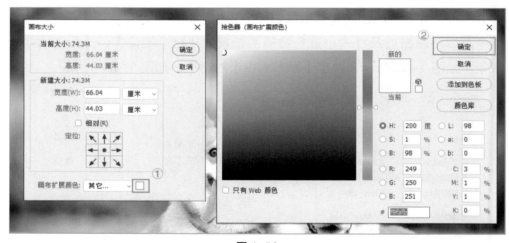

图 1-56

Chapter

02

第 2 章

图层的概念及操作

导读 ▷

图层是Photoshop强大图像处理功能的体现。利用图层可以巧妙地合成不同效果的图像。Photoshop中的许多图像效果都是通过创建和调整图层来实现的。利用图层可以巧妙地将不同的图像进行合成，成为具有艺术感染力的作品。在Photoshop中，可以轻松地对图层进行管理，把一张复杂的图像分解为相对简单的多层结构。对图像进行分层处理，不仅可以减少图像处理的难度和工作量，而且还可以通过简单地调整各层间的关系，实现更加丰富和复杂的视觉效果。

学习要点：★ 了解图层的概念

★ 掌握图层的创建和编辑方法

★ 熟练掌握图层样式的使用

★ 掌握创建图层组的方法

零基础图像处理从入门到精通

2.1 认识图层

图层是 Photoshop 处理图像的核心，Photoshop 中的图像都是建立在图层的基础上的。在对某一图层中的元素进行处理的时候，而其他图层上的情况并不会发生改变。上方的图层会遮挡下方的图层，但是图层的透明区域会使下面图层显现出来，通过调节图层的叠加顺序，可以实现不同的效果。图像效果如图 2-1 所示。

图 2-1

2.1.1 图层的分类

图层的类型有很多，一般可分为背景图层、文字图层、形状图层、填充图层等。打开一张图片，这个图片的图层名称是【背景】，且右边有一个锁定按钮，那么这个图层就是背景图层。比如，打开一个图像文件，执行【窗口】→【图层】命令，如图 2-2 所示，调出【图层】面板，此时面板中显示出多个图层，最下面的图层为背景图层，如图 2-3 所示。

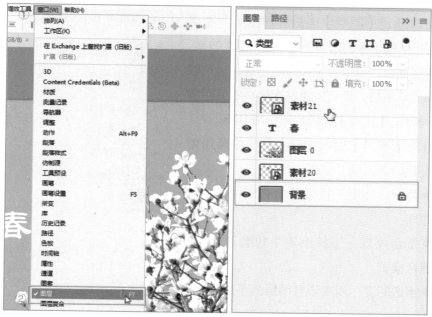

图 2-2　　　　　　　　　　　　　　　　图 2-3

这时每个图层的左侧是一个缩览图，因为图层都是上面图层遮挡下面图层，如果想看到下面的图层，那么只需要点击上面图层的【眼睛】，这个图层就会被隐藏，下面的图层就会显现出来，如图 2-4 所示，此时，图像窗口中只显示背景图层和"素材 20"图层中的内容，效果如图 2-5 所示。

图 2-4　　　　　　　　　　　　　　　　图 2-5

2.1.2 图层面板

可以通过【图层】面板管理图层。图层面板列出了图像中的所有图层、组和图层效果，通过图层面板，可以显示和隐藏图层，也可以新建和删除图层，还可以添加图层样式、图层蒙版等操作。【图层】面板如图 2-6 所示。

图 2-6

针对【图层】面板中的各选项中常用到的功能做如下说明：

◆类型：类型下拉列表中有 9 种不同的筛选方式。

◆混合模式：下拉列表中包含了 27 种图层混合模式。

◆不透明度：用来设置图层的不透明度。

◆填充：用于设定图层的填充百分比。

◆眼睛图标：用于显示或隐藏图层。

◆锁链图标：表示图层与图层之间的链接关系。

◆"T"图标：表示此图层为可编辑的文字层。

在【图层】面板的上方有 5 个工具图标，如图 2-7 所示。

图 2-7

◆锁定透明像素：用于锁定当前图层中的透明区域，使透明区域不能被编辑。

◆锁定图像像素：使当前图层和透明区域不能被编辑。

◆锁定位置：使当前图层不能被移动。

◆防止在画板和画框内外自动嵌套。

◆锁定全部：使当前图层或序列完全被锁定。

在【图层】面板的下方有 7 个工具图标，如图 2-8 所示。

图 2-8

◆链接图层：将多个图层链接，方便同时对多个图层进行操作。

◆添加图层样式：为当前图层添加图层样式。

◆添加图层蒙版：在当前图层上创建一个蒙版。在图层蒙版中，黑色代表隐藏图像，白色代表显示图像。可以使用画笔等绘图工具对蒙版进行绘制，还可以将蒙版转换成选择区域。

◆创建新的填充或调整图层：可对图层进行颜色填充和效果调整。

◆创建新图层组：用于新建一个文件夹，可在其中放入图层。

◆创建新图层：用于在当前图层上方创建一个新图层。

◆删除图层：可以将不需要的图层拖到此处进行删除。

单击【图层】面板右上方的菜单图标，弹出其命令菜单，如图 2-9 所示。

图 2-9

035

2.2 新建图层

新建图层是进行图层处理的基础。新建图层是指在原有图层或图像上新建一个可参与编辑的图层，可以在一张图像中新建很多图层，并且可以给每个图层设置不同的参数。

2.2.1 创建普通图层

新建普通图层的方式有多种，其中最简单的一种操作方式是操作者只需单击【图层】面板中的【创建新的图层】按钮，面板中就会出现一个完全透明的空白图层，如图 2-10 所示。

图 2-10

此外，选择【图层】→【新建】→【图层】命令，如图 2-11 所示，或选择【图层】面板控制菜单中的【新建图层】命令，如图 2-12 所示。这时就会弹出如图 2-13 所示的【新建图层】对话框，可通过该对话框设置图层名称、图层标志颜色、不透明度和色彩混合模式。

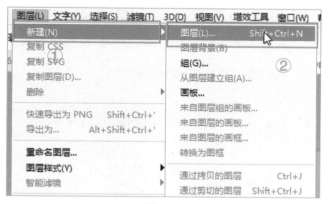

图 2-11

图 2-12

新建图层   ✕

名称(N): 图层 2   确定

☐ 使用前一图层创建剪贴蒙版(P)   取消

颜色(C): ☒ 无   ⌄

模式: 正常   ⌄   不透明度(O): 100 ⌄ %

☐ （正常模式不存在中性色。）

图 2-13

2.2.2　将选区图像转换为新图层

可以通过以上方式创建新图层，也可以将创建的选区转换为新图层，具体的操作方式如下：

1 打开一张素材图像，并在图像中制作一个选区，如图2-14所示。

图 2-14

2 选择【图层】→【新建】→【通过拷贝的图层】命令，如图2-15所示。还可以通过右击鼠标，从弹出的菜单中选择【通过拷贝的图层】命令，如图2-16所示。

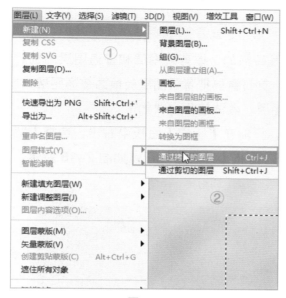

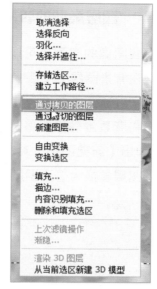

图 2-15

图 2-16

3 在工具箱中选择【移动】工具，然后在图像窗口中拖动鼠标指针，则此时的图像效果和【图层】面板如图2-17所示。执行【通过拷贝的图层】命令，选区中的内容将被复制到一个新图层中。

若选择【图层】→【新建】→【通过剪切的图层】命令，则选区内容将被剪切到一个新图层。

图 2-17

2.2.3 图层类型的转换

有些图像的类型是可以相互转换的，以背景图层和普通图层为例。有些命令，在背景图层上不能操作，这时需要把背景图层转换为普通图层，同样，也可以把普通图层转换为背景图层，具体操作方式如下：

要将背景层转换为普通层，只需在【图层】面板中右击，选择【背景图层】，弹出【新建图层】对话框，单击【确定】按钮，如图 2–18 所示，即可把背景图层转换为普通图层。

图 2–18

要将普通层转换为背景层，可在选择要转换的普通层后，选择【图层】→【新建】→【背景图层】命令，如图 2–19 所示，即可把普通图层转换为背景图层。

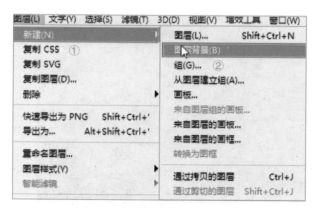

图 2–19

实用贴士

　　使用【文字工具】在图像中输入文字，会自动生成文字图层。文字图层包含文字内容和文字格式，且无论文字内容还是文字格式，都可修改。要想在文字图层使用【滤镜】等功能，需要把文字图层转换为普通图层。这里需要注意的是，文字图层转换为普通图层后，将无法还原为文字图层。

2.3　编辑图层

　　在用 Photoshop 进行图像处理的过程中，会对图层进行选择、复制、显示、隐藏、合并、删除、调整图层顺序等操作，以实现各种不同的效果。

2.3.1　选择图层

　　单击【图层】面板中的一个图层，即可选中这个图层。也可以选择【移动】工具，用鼠标右键单击窗口中的图像，这时就会弹出一组可供选择的图层选项菜单，从中挑选所需要的图层即可，如图 2-20 所示。

图 2-20

2.3.2 复制图层

方法一：单击【图层】面板右上方的菜单图标，会弹出一个命令菜单，执行【复制图层】命令，弹出【复制图层】对话框即可，如图 2-21 所示。

方法二：单击鼠标左键并按住需要复制的图层，将其拖曳到面板下方的【创建新图层】按钮上，这样就可以复制一个图层，如图 2-22 所示。

方法三：在【图层】面板中，在需要复制的图层上单击鼠标右键，选择【复制图层】，如图 2-23 所示。

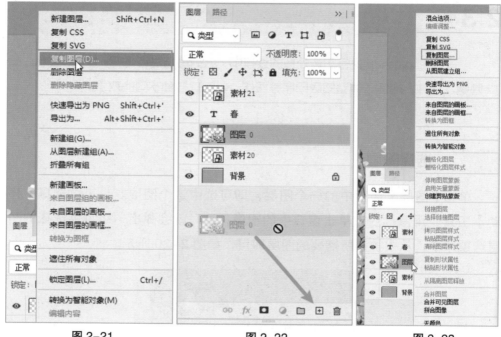

图 2-21   图 2-22   图 2-23

2.3.3 显示与隐藏图层

在【图层】面板中，图层列表左侧的【眼睛】按钮用来控制图层的显示与隐藏。当图层的左侧显示此图标时，表示图像窗口正在显示该图层的图像。

在【图层】面板中，单击【眼睛】图标，图标将消失，该图层的图像也会被隐藏，如图 2-24 所示。

再次单击【眼睛】图标曾出现的位置，使【眼睛】图标显现，则可将隐藏的图层再次显示出来，如图2-25所示。

图2-24

图2-25

如果同时选中了多个图层，执行【图层】→【隐藏图层】命令，可以将这些被选中的图层都隐藏起来。如图2-26所示。执行【图层】→【显示图层】命令，可将隐藏的图层再次显示出来，如图2-27所示。

图2-26

图 2-27

2.3.4　合并图层

1.合并图层命令

　　【合并图层】命令用于合并同时被选中的图层。同时选中两个以上的图层，右击【图层】，在弹出式菜单中执行【合并图层】命令，如图 2-28 所示，或按【Ctrl+E】组合键，选中的图层会合并为一个图层，如图 2-29 所示。

图 2-28　　　　　　　　　　　　　图 2-29

2.合并可见图层命令

【合并可见图层】命令用于合并所有可见图层。右击【图层】，在弹出的快捷菜单中执行【合并可见图层】命令，如图 2-30 所示，或按【Shift+Ctrl+E】组合键，所有处于显示状态的图层会合并成一个图层，如图 2-31所示。

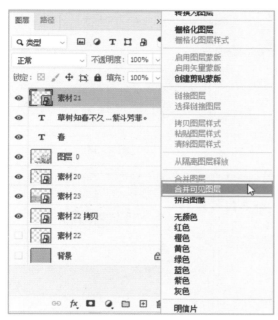

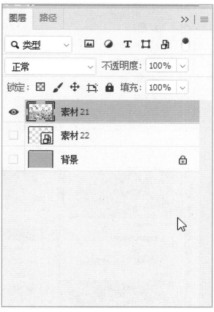

图 2-30　　　　　　　　　　　　　　图 2-31

3.拼合图像命令

【拼合图像】命令用于合并所有的图层。右击【图层】，在弹出式菜单中执行【拼合图像】命令，如图 2-32 所示，所有图层会合并成一个图层，如图 2-33 所示。如果图层中有隐藏图层，在执行【拼合图像】命令后，会出现一个提示【要扔掉隐藏的图层吗？】，如图 2-34 所示，点击【是】按钮，隐藏图层被扔掉，所有可见的图层合并成一个图层，如图 2-35所示。

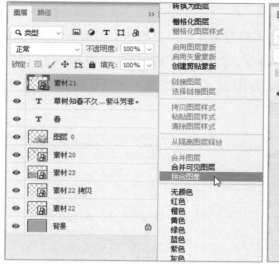

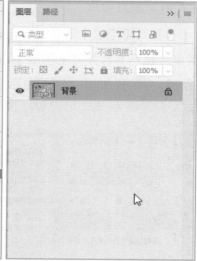

图 2-32

图 2-33

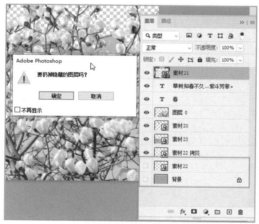

图 2-34

图 2-35

2.3.5 删除图层

在处理图像过程中，如果需要删除图层，可采用以下几种方法。

方法一：选中要删除的图层，单击【图层】面板右上方的菜单图标，在弹出的菜单中，执行【删除图层】命令。

方法二：选中要删除的图层，单击【图层】面板下方的【删除图层】按钮，即可删除图层，如图 2-36 所示。

方法三：将需要删除的图层直接拖曳到【删除图层】
按钮上进行删除。

方法四：执行【图层】→【删除】→【图层】命令，
即可删除图层。

图 2-36

2.3.6 调整图层顺序

方法一：单击【图层】面板中的任意图层，选中并按住鼠标左键，拖动
鼠标可将其调整到其他图层的上方或下方，如图 2-37 所示。

方法二：执行【图层】→【排列】命令，弹出【排列】命令的子菜单，
如图 2-38 所示，选择其中的排列方式即可调整图层顺序。

图 2-37   图 2-38

方法三：按【Ctrl+［】组合键，可以将当前图层向下移动一层；按
【Ctrl+］】组合键，可以将当前图层向上移动一层；按【Shift+Ctrl+［】
组合键，可以将当前图层移动到除背景图层外的所有图层的下方；按
【Shift+Ctrl+］】组合键，可以将当前图层移动到所有图层的上方。

在图像的图层中有背景图层的情况下，无论怎么调整图层顺序，图层都将在背景图层之上。

2.3.7 链接与锁定图层

1.链接图层

在图像处理中，有时候需要移动不同图层中的多个对象，这个时候就要把这些图层链接起来，当在操作其中一个图形上的对象的时候，其他图层中的对象，也会随着移动。具体操作方法如下：

1️⃣ 按住【Ctrl】键的同时，依次单击要链接的图层，然后单击【图层】面板下方的【链接图层】按钮，选中的图层会被链接起来，如图2-39所示。

2️⃣ 当再次单击【链接图层】按钮时，则图层链接就会被取消。

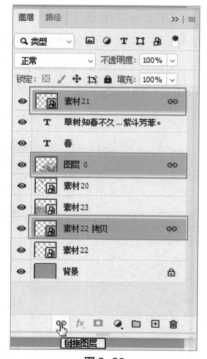

图2-39

图层被链接起来之后，可以共同移动，也可以对其进行变换操作，但不能对其使用滤镜和混合模式。

2.锁定图层

　　单击【图层】面板上方的【锁定全部】按钮，在当前图层的右侧出现图标，即可将当前图层进行锁定，如图 2-40 所示。也可同时选中多个图层，单击【锁定全部】按钮，这时被选中的图层都被锁定，如图 2-41 所示，被锁定图层中的图像不能随意移动。被锁定的图层，再次单击【锁定全部】按钮，图层锁定将会被解除。

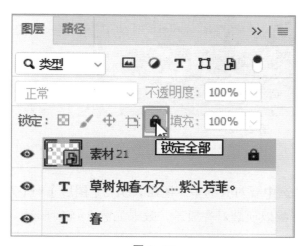

图 2-40

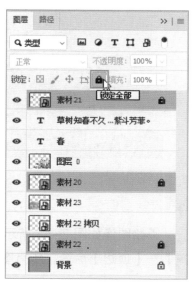

图 2-41

2.3.8　对齐与分布图层

1.【对齐】命令的选项

　　选中两个或两个以上图层，执行【图层】→【对齐】命令，其子菜单被弹出，如图 2-42 所示，【对齐】命令包括顶边、垂直居中、底边、左边、水平居中、右边等对齐方式。

图 2-42

2.执行对齐命令

原始图像如图 2-43 所示，选中要对齐的多个图层，执行【图层】→【对齐】→【顶边】命令，所有图形都以顶端对齐显示，效果如图 2-44 所示。

图 2-43

图 2-44

3.分布命令的选项

选中两个或两个以上图层，执行【图层】→【分布】命令，弹出其子菜单，如图 2-45 所示，【分布】命令包括顶边、垂直居中、底边、左边、水平居中、右边、水平、垂直等方式。【分布】命令的操作方式与【对齐】命令类似，在此不再赘述。

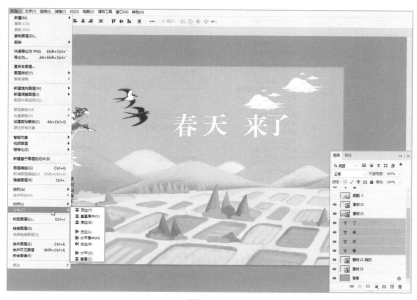

图 2-45

2.4 图层样式

在图像处理过程中，利用图层样式能直接制作出具有相同样式的对象。可以通过设置样式中的不同参数，来制作出各种特殊的效果。在【图层样式】对话框中，有 10 种图层样式可供选择，下面挑选几种进行讲解。

2.4.1 混合选项命令

找到【混合选项】命令有以下几种方法。

方法一：选中图层，右击，弹出命令菜单，可找到【混合选项】命令，如图 2-46 所示。

方法二：执行【图层】→【图层样式】→【混合选项】命令，可找到【混合选项】命令，如图 2-47 所示。

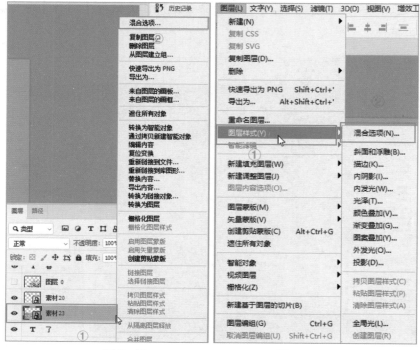

图 2-46 图 2-47

方法三：

1 单击【图层】面板下方的【添加图层样式】按钮，弹出其命令菜单，可
找到【混合选项】命令，如图2-48所示。

图 2-48

2　点击【混合选项】命令，弹出图层样式对话框，如图2-49所示。此对话框可以对当前图层进行特殊效果的处理。

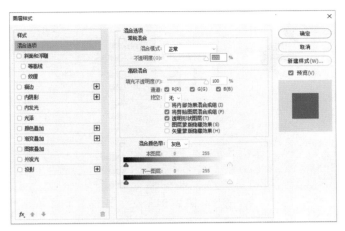

图 2-49

斜面和浮雕

【斜面和浮雕】命令用于使图像产生一种倾斜与浮雕的效果。设置斜面和浮雕效果的操作步骤如下：

1　选中"春"字图层，右击，在弹出的快捷菜单中，点击【混合选项】命令，弹出【图层样式】对话框，单击【斜面和浮雕】选项，在右侧界面设置相关参数，最后单击【确定】按钮，如图2-50所示。

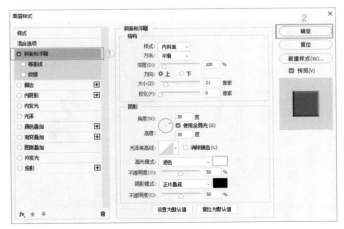

图 2-50

2 图像效果如图2-51所示。

图 2-51

2.4.3 描边

【描边】命令可以为图层中的图像添加内部、居中或外部的单色、渐变或图案效果，设置描边效果的操作步骤如下：

1 选中一个图层，右击，在弹出的快捷菜单中，点击【混合选项】命令，弹出【图层样式】对话框，单击【描边】选项，在右侧界面设置相关参数，单击【确定】按钮，如图2-52所示。

2 图像效果如图2-53所示。

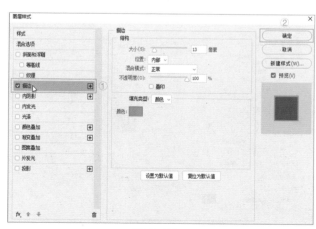

图 2-52

图 2-53

2.4.4 内阴影

该命令可以为图层中的图像设置内阴影效果。此命令的对话框内容与【投影】命令的对话框基本相同。设置内阴影效果的操作步骤如下：

1. 打开一个图层，右击，在弹出的快捷菜单中，点击【混合选项】命令，弹出【图层样式】对话框，单击【内阴影】选项，在右侧界面设置相关参数，单击【确定】按钮，如图2-54所示。

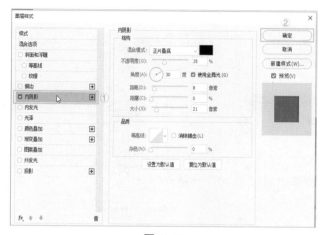

图 2-54

2. 图像效果如图2-55所示。

图 2-55

2.4.5 内发光

单击【内发光】命令，该命令可以使图层中的图像向内产生发光的效果。

内发光的【图素】栏中有两个发光来源的选项:【居中】表示光源从图像中心向外扩展;【边缘】则表示光源从边缘向中心扩展。设置内发光效果的操作步骤如下:

1　打开一个图层,右击,在弹出的快捷菜单中,点击【混合选项】命令,弹出【图层样式】对话框,单击【内发光】选项,在右侧界面设置相关参数,单击【确定】按钮,如图2-56所示。

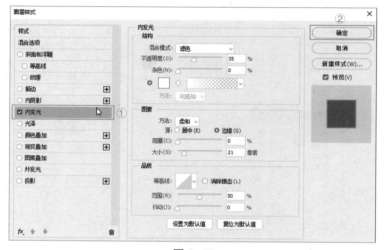

图 2-56

2　图像效果如图2-57所示。

图 2-57

2.4.6 光泽

【光泽】命令主要是在图像上填充颜色并在边缘部分产生柔化的效果。设置光泽效果的操作步骤如下：

1. 打开一个图层，右击，弹出的快捷菜单中，点击【混合选项】命令，弹出【混合选项】对话框，单击【光泽】选项，弹出【光泽】对话框，在右侧界面设置相关参数，单击【确定】按钮，如图2-58所示。

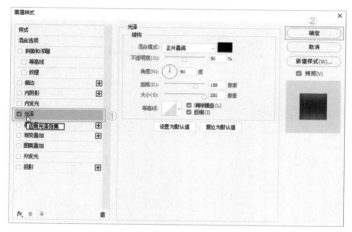

图 2-58

2. 图像效果如图2-59所示。

图 2-59

2.4.7 颜色叠加

【颜色叠加】命令用于使图像产生一种颜色叠加效果，操作步骤如下：

1️⃣ 打开一个图层，右击，在弹出的快捷菜单中，点击【混合选项】命令，弹
出【混合选项】对话框，单击【颜色叠加】选项，在右侧界面设置相关
参数，单击【确定】按钮，如图2-60所示。

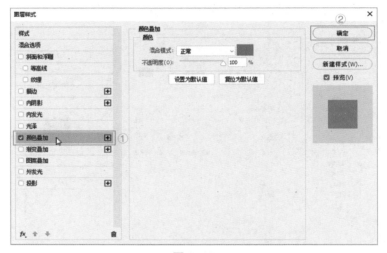

图 2-60

2️⃣ 图像效果如图2-61所示。

图 2-61

2.5　使用图层组

当编辑多个图层时，为了方便操作，可以将多个图层放在一个图层组中，进行统一管理。

建立图层组的方法非常简单，只要单击【图层】面板中的【创建新组】按钮，即可建立一个新的组合层，如图 2-62 所示。

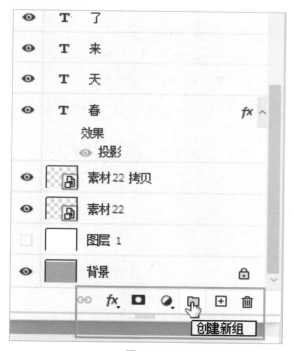

图 2-62

那么如何将其他图层也添加到这个图层组中呢？这时只需要将这个图层拖到这个组合层上，这个图层就会作为子图层被放置在图层组中，如图 2-63 所示。

创建图层组后，在【图层】面板中利用图层组可执行以下操作：

◆对图层组进行色彩混合模式和不透明度的设置，组中各图层也会随着发生变化。

◆可在图层组中新建子图层，也可以将图层组外的图层移动到图层组中，成为子图层。

◆选中图层组，用移动工具移动图层组时，全部图层的图像都会被移动。

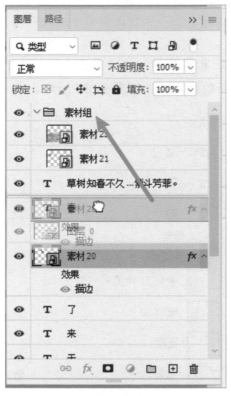

图 2-63

Chapter

03

第 3 章
选区的创建、
调整与编辑

 导读 ▷

选区是指在处理图像之前用选择工具选择图像上的一定范围。在图像处理过程中，可以针对选区部分进行处理，而不会影响到选区的其他部分。比如，擦除背景颜色，对人物的面部进行修饰，或者抠图等，都需要用到选区。

学习要点：★掌握利用各种选区工具创建选区的方法
　　　　　★能通过色彩范围、快速蒙版间接地创建
　　　　　　复杂的选区
　　　　　★掌握调整和编辑选区及选区内图像的方法

3.1 认识选区

　　无论是绘制图像还是对图像进行局部处理，都会用到选区。比如，选择矩形选框工具，在图中画出的这种由虚线围成的区域就是选区，如图 3-1 所示。另外，对位图图像进行处理，选区中的图片部分至少要包括一个像素，将选区放大到足够大时，会看到一排排的小方格，如图 3-2 所示，这些小方格就是构成图像的像素。

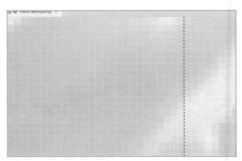

| 图 3-1 | 图 3-2 |

　　选区使选区内的图像与选区外的图像隔离开来，对选区内的图像进行处理的时候，选区外的图像并不受影响，比如，打开一张图像，在图像上用矩形选框工具画出一片矩形区域，当对选区进行颜色填充时，选区外的图像部分不会受到影响，如图 3-3 所示。

图 3-3

3.2 创建选区

创建选区的方法有许多种，可以用选框工具创建选区，也可以用套索、魔棒以及【色彩范围】命令来创建选区。下面介绍创建选区的具体操作方法。

3.2.1 选框工具

选框工具组是创建选区最简单的工具的集合，在工具箱中，选框工具组默认的图标是【矩形选框工具】，右键单击图标，会弹出一个菜单，如图 3-4 所示。在这个菜单中除了【矩形选框工具】外，还有【椭圆选框工具】、【单行选框工具】和【单列选框工具】。其中【矩形选框工具】和【椭圆选框工具】可以创建较大范围的选区，而【单行选框工具】和【单列选框工具】只能选定图像中的某一行像素或者某一列像素。

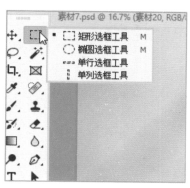

图 3-4

3.2.2 套索工具

选框工具创建的都是比较规则的选区，但是在实际操作过程中，选区往往是不规则的，这时就要选择套索工具创建选区。工具栏中，套索工具组默认的图标是【套索工具】，右键单击图标，会弹出一个菜单，如图 3-5 所示，在这个菜单中除了【套索工具】外，你还可以看到【多边形套索工具】和【磁性套索工具】。

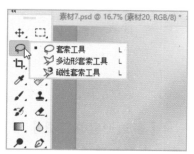

图 3-5

1.套索工具

【套索工具】没有固定的形状，选择套索工具后，你可以在需要创建选区的区域单击确定其起点，然后按住鼠标左键不放，拖动鼠标，画出一片首尾闭合的区域，释放鼠标，选区就创建完毕了，如图 3-6 所示，就是用【套索工具】选择的花朵。

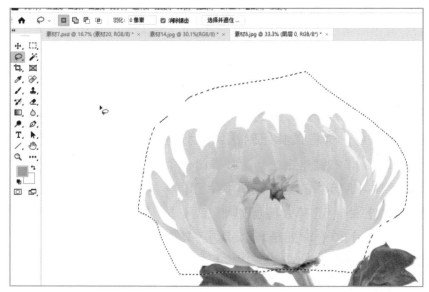

图 3-6

实用贴士

　　使用套索工具创建选区，如果没有用鼠标将起始点与终点连接起来，那么系统会用直线将起始点与终点连接起来，形成封闭区域。

2.多边形套索工具

　　【多边形套索工具】与【套索工具】的使用方法不同，【套索工具】需要使用者在创建选区的时候，鼠标一定要按住不能放开，直到形成一个闭合的区域，选区才能创建成功，而【多边形套索工具】是在鼠标单击的两点之间连接一条线段，通过不同点之间形成的线段，围成一个封闭的区域，如图 3-7 所示，即为利用【多边形套索工具】选择的花朵。

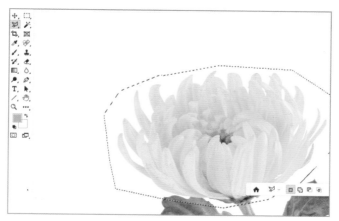

图 3-7

3.磁性套索工具

【磁性套索工具】能够自动检测和跟踪对象的边缘。在选择对象的边缘较为清晰，并且与背景颜色对比明显的情况下，使用【磁性套索工具】能快速选中对象。如图 3-8 所示的图像中，若要精确选择其中的菊花图案，使用【套索工具】和【多边形套索工具】都不太方便，但利用【磁性套索工具】可以轻松做到这一点。

图 3-8

3.2.3 魔棒工具

【选框工具】和【套索工具】都是根据描绘的图形区域创建的，而【魔棒工具】是根据一定的颜色范围来创建选区的。【魔棒工具】的使用方法非常简单，只需要在包含要创建选区的图像部分上单击，它就能把图像中包含相似色彩的区域给选择出来，【魔棒工具】十分适合选择图像中较大的单色区域或相近颜色的区域。另外，右击【魔棒工具】的图标，弹出来的菜单除了【魔棒工具】外，还有【对象选择工具】和【快速选择工具】，如图 3-9 所示。

图 3-9

【魔棒工具】的属性栏，如图 3-10 所示。该属性栏中，【容差】用来设置颜色范围的误差值，它的范围为 0 ~ 255，默认值为 32。一般来说，容差值越大，可容许的颜色范围越大。

图 3-10

如图 3-11 所示，图片中花朵和茎叶的形状都很复杂，用【套索工具】进行选择，会浪费大量的精力，这个时候，使用【魔棒工具】可以轻松地选中有单一色彩的背景区域。

图 3-11

3.2.4　色彩范围

【色彩范围】命令与【魔棒工具】相似，也是根据色彩范围来创建选区。

但是它比【魔棒工具】要强大许多。【魔棒工具】选择的是与单击处颜色相近的区域，而【色彩范围命令】是选择整张图中选区内颜色相似的像素。在菜单栏中执行【选择】→【色彩范围】命令，可打开【色彩范围】对话框，如图 3-12 所示。

通过设置对话框的各个选项来对选取范围进行精确的调整，在【选择】下拉列表中可以选择一种颜色范围的方式，如默认的【取样颜色】，它的原理与【吸管工具】相似，方法是把鼠标移动到图像窗口单击，即可选择一定的颜色范围。拖动【颜色容差】下方的滑块或者直接在后面的编辑框中输入参数，可以通过调整容差值来调整选择颜色的范围，图像选取范围的变化就会在其下的预览框中显示出来。

另外，点击【选择】下拉列表框，如图 3-13 所示，还有其他颜色选择范围，比如，可以根据红、黄、绿等颜色进行选择，也可以通过亮度特性来选择图像中的高亮部分、中间色调区域或者是较暗的部分；其中【溢色】选项可以选择那些在印刷过程中无法表现的颜色。

图 3-12

图 3-13

在【色彩范围】对话框中设置好颜色的容差以及要选择的颜色范围后，单击【确定】按钮，即可选中颜色范围，如图 3-14 所示就是被选中的黄色范围。

图 3-14

3.2.5 快速蒙版

　　蒙版是后面章节中所要讲述的一个重要知识点，这里仅介绍如何用蒙版快速创建选区。用【快速蒙版工具】创建选区时，需要借助其他选择工具创建一个大致的选区轮廓，然后再用【快速蒙版工具】对选区进行修改，以达到精确选择的目的。其具体操作方法如下：

1　打开一张图像，如图3-15所示，要把大嘴鸟从背景中分离出来，首先使用任意一种选择工具，在大嘴鸟周围创建一个大致的选区，如图3-16所示。

图 3-15

图 3-16

2　创建了大致的选区后，单击工具箱下方的 ▣ 按钮，这样非选区部分
　　就被一层半透明的红色覆盖住了，如图3-17所示，这样就创建了快速
　　蒙版。

图 3-17

3　由于目前的选区不够精细，接下来要做的工作就是编辑蒙版。从工具箱
　　中选择【画笔】工具，通过涂抹的方式即可实现对蒙版区域增加或减小

的调整，蒙版调整后的效果，如图3-18所示。

图 3-18

4 完成对蒙版的精确调节之后，将快速蒙版模式切换回标准选区模式，未被蒙版覆盖的区域就是当前的选区，如图3-19所示。

图 3-19

实用贴士

使用套索工具创建选区，如果没有用鼠标将起始点与终点连接起来，那么系统会用直线将起始点与终点连接起来，形成封闭区域。

3.3 调整与编辑选区

创建选区很难一下子就达到满意的效果，这时就需要对选区进行调整。本章节主要讲解移动选区、变换选区、修改选区、保存选区以及取消选择、重复选择和反选等操作。

3.3.1 移动选区

在图像窗口创建选区后，可能选区的位置并不符合要求，这个时候就需要移动选区。移动选区的操作很简单，只需要把光标移动到选区，当光标呈现 ▷ 形状，如图 3-20 所示，然后拖动即可。在移动选区的过程中，如果同时按下 Shift 键，则选区只能沿水平、垂直或 45 度方向移动；如果移动时，同时按下 Ctrl 键，则选区中的图像也会被一起移动。

图 3-20

3.3.2 变换选区

用 Photoshop 不仅能够对整个图像、某个图层或者某个选区范围内的图像进行旋转、翻转和自由变换处理，而且能够对选区范围进行任意的旋转、翻转和自由变换。

　　创建选区后，执行【选择】→【变换选区】命令，如图 3-21 所示，选区周围就会被加上自由变形控制框，这个框有 8 个控制柄和 1 个旋转轴，可以通过这些控制柄和旋转轴来调整选区，如图 3-22 所示。

图 3-21

图 3-22

1.缩放

选中需要变换的图层，在菜单栏中执行【编辑】→【变换】→【缩放】命令，或者使用快捷键【Ctrl+T】，就能调出变换框，当鼠标指针变成双向箭头的形状时按住鼠标左键并拖动，如图 3-23 所示，即可实现选区的缩放变换，最终效果，如图 3-24 所示。

图 3-23　　　　　　　　　　　　图 3-24

2.旋转

选中需要旋转的图层，执行【旋转】命令后，将鼠标指针移至变换框旁边，当鼠标指针变为弯曲的双向箭头时，按住鼠标左键不放并拖动，如图 3-25 所示，可使选区绕着中心按照顺时针或者逆时针的方向旋转，最终效果，如图 3-26 所示。

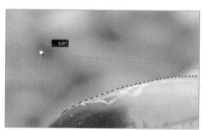

图 3-25　　　　　　　　　　　　图 3-26

3.斜切

当图层在自由变换状态下时，右击，在弹出的快捷菜单中选择【斜切】命令，将鼠标指针移至控制点旁边，当鼠标指针下方出现斜切图标时，按住鼠标左键不放并拖动，如图 3-27 所示，即可实现选区的斜切变效果，如图 3-28 所示。

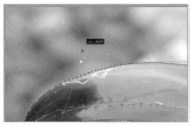

图 3-27   图 3-28

4.扭曲

当图层在自由变换状态下时，右击，在弹出的快捷菜单中选择【扭曲】命令，将鼠标指针移至任意控制点上并按下鼠标左键拖动，如图 3-29 所示，即可实现选区的扭曲效果，如图 3-30 所示。

图 3-29   图 3-30

5.透视

当图层在自由变换状态下时，右击，在弹出的快捷菜单中选择【透视】命令，将鼠标指针移至变换框 4 个角的任意控制点上并按下鼠标左键水平或垂直拖动，如图 3-31 所示，即可实现选区的透视变换，如图 3-32 所示。

图 3-31   图 3-32

6.变形

当图层在自由变换状态下时，右击，在弹出的快捷菜单中选择【变形】命令，选区内会出现垂直相交的变形网格线，这时在网格内单击并拖动鼠标可实现选区的变形，也可单击并拖动网格线两端的黑色实心点，实心点处会出现一个调整手柄，这时拖动调整手柄可实现选区的变形，如图 3-33 所示。

图 3-33

3.3.3　修改选区

在【选择】菜单的【修改】子菜单下包括【边界】【平滑】【扩展】【收缩】【羽化】5 个命令，如图 3-34 所示，这些命令可以用来设置选区的边框范围尺寸、平滑选区的轮廓和锯齿、扩大和缩小选区。

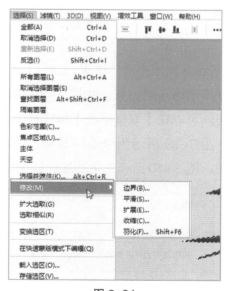

图 3-34

1.边界

【边界】的命令主要用于修改选区的边界，打开一张图像，并创建如图3-35所示的选区，执行【选择】→【修改】→【边界】命令，弹出【边界选区】对话框，如图3-36所示，设置宽度为10像素，单击【确定】按钮后，选区变化，如图3-37所示。

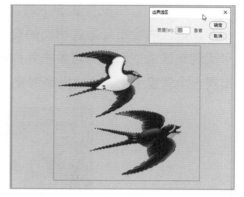

图 3-35

图 3-36

图 3-37

2.平滑

【平滑】命令可以将选区变成平滑的效果，执行【选择】→【修改】→【平滑】命令，会弹出【平滑选区】对话框，如图3-38所示，该对话框用来平滑选区的尖角及消除锯齿。可以在【取样半径】编辑框中输入取样半径的值，它的范围为1~16像素。图3-39所示为原选区效果，图3-40所示为取样半径为9像素时的选区效果。图3-40所示选区边缘比较突出的部分光滑了许多。

图 3-38

图 3-39　　　　　　　　　　　　　　　　图 3-40

3.选区扩展与收缩

　　【扩展】命令用来扩大选区的范围。执行【选择】→【修改】→【扩展】命令，会弹出【扩展选区】对话框，如图 3-41 所示，可以在该对话框中指定扩展的像素数。图 3-42 所示为原选区效果，将选区扩展 20 像素后，将得到如图 3-43 所示的效果。而【收缩】命令得到的效果与【扩展】命令得到的效果相反，但是其设置方法与【扩展】命令完全相同。

图 3-41

图 3-42　　　　　　　　　　　　　　　　图 3-43

4.羽化选区

　　羽化选区可以使图像产生柔和的效果。具体操作是在创建选区之前，在选框工具或者套索工具的选项栏中的【羽化】编辑框中输入羽化值来羽化选区。如果在创建选区之后进行羽化，则可以执行【选择】→【羽化】命令，这时将打开【羽化选区】对话框，如图 3-44 所示。

在【羽化半径】编辑框中，可输入羽化半径的值，图 3-45 所示为原选区效果，图 3-46 所示为羽化半径为 10 像素后的效果。从这两张对比图中，可以看到【羽化】命令使图像选区边缘更加平滑。

图 3-44

图 3-45   图 3-46

3.3.4 保存选区

在进行复杂的图片处理时，需要建立复杂的选区，而且可能要多次使用该选区，为了方便下次使用该选区，可以在建立选区之后，然后把它保存起来，以便反复使用。

1.保存选区

使用【存储选区】命令，可把选区保存到通道中。保存后的选区范围将成为一个蒙版显示在【通道】面板中，当需要时，可以从【通道】面板中载入。执行【选择】→【存储选区】命令，或在创建好的选区上右击，从弹出的快

捷菜单中选择【存储选区】命令，都将打开【存储选区】对话框，如图 3-47
所示。

图 3-47

　　选区被保存之后，不影响当前的操作，还可以在以后通过载
入选区的方法使用该选区。

2.载入选区

　　存储选区之后，就可以进行其他操作，当再次需要使用选区的时候，就
要进行载入选区的操作，执行【选择】→【载入选区】命令，【载入选区】对
话框就会被弹出来，如图 3-48 所示。

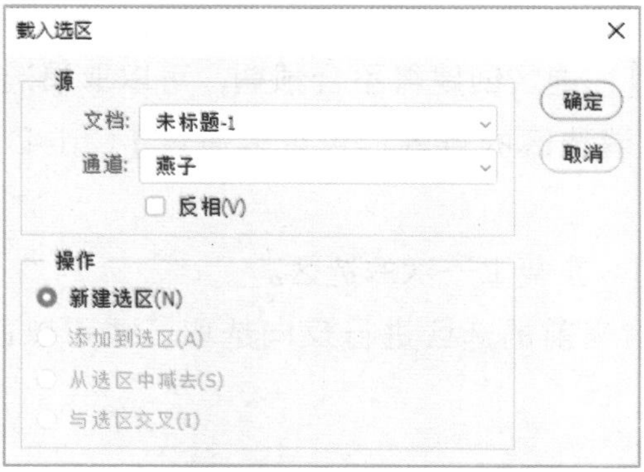

图 3-48

【载入选区】对话框与【存储选区】对话框中的组件基本相同。唯一不同的是【载入选区】对话框中多了一个【反相】复选框。在载入选区的时候，选中【反相】复选框，那么载入的选区将会是原来存储的选区【反选】后的选区。

3.3.5 选区的取消、重复与反选

利用【选择】菜单中的其他命令，还可对选区进行整体操作，如图 3-49 所示。这些命令的功能如下：

图 3-49

◆【全部】：执行这个命令可以选择全部图像像素，其对应快捷键为【Ctrl+A】。

◆【取消选择】：选区创建得不合预期，可以取消选区，可以通过执行这个命令来达到取消选区的目的，也可以通过【Ctrl+D】组合键，来取消选区。

◆【重新选择】：重复上一次的选区。

◆【反选】：对当前的选区进行反向选取，也可以通过【Shift+Ctrl+I】组合键来实现。

Chapter

04

第4章
图像色调与色彩的调整

在图像处理过程中，不可避免地要对图像的色彩和色调进行调整。Photoshop提供了众多调节图像色彩和色调的命令，可以对图像进行快速、简单和全局性的调整，只有有效地控制图像的色彩和色调，才能做出高质量的图像。

学习要点：★熟练掌握调整图像色彩和色调的方法

★掌握特殊的颜色的处理技巧

★了解对图像色相、饱和度，以及明度的调整

★了解颜色的基本处理技巧

4.1 色彩和色调调整命令

在图像处理过程中，有很多可以对图像色彩、色调进行调整的命令。这些命令大致可以分为三类：只能改变图像色彩的命令，只对图像的色调进行调节的命令，可以同时对色彩与色调进行调整的命令，具体介绍如下：

◆【亮度/对比度】【色阶】和【曲线】等这类命令主要是对图像的色调进行调整，其中【亮度/对比度】的命令非常易用，但功能比较弱，【色阶】和【曲线】功能相对比较复杂，但是功能更为强大。

◆【色彩平衡】【色相/饱和度】【替换颜色】和【可选颜色】这几个色彩调节的命令较为常见，功能也相对较为强大，能高质量地处理好图片。

◆【去色】【色调分离】等命令较为粗糙，这些命令虽然不能修正图像，但对产生特殊效果和调整蒙版的作用很大。

4.2 调整图像的色调

用扫描仪和数码相机得到的图片，经常会出现色调过暗、过亮和色调不够平滑等情况，为了达到理想的色彩效果，需要使用【色阶】【曲线】或者【亮度/对比度】等命令对其进行相应的处理。

4.2.1 亮度/对比度

【亮度/对比度】命令可以调整整个图像的亮度和对比度。

1 打开一张图片，如图4-1所示。执行【图像】→【调整】→【亮度/对比度】命令，弹出【亮度/对比度】对话框，如图4-2所示。

图 4-1

图 4-2

2 在【亮度/对比度】对话框中，通过拖曳亮度和对比度滑块来分别调整图像的亮度和对比度，图片调整前后的效果对比，如图4-3a和图4-3b所示。

图 4-3a

图 4-3b

【自动对比度】命令可以自动调整图像中颜色的总体对比度。执行菜单【图像】→【自动对比度】命令，即可应用此命令。【自动对比度】命令不能调整颜色单一的图像，也不能单独调节颜色通道，所以不会导致色偏。

4.2.2 色阶

【色阶】命令不仅可以对图像进行明暗对比的调整，还可以对图像的阴影、中间调和高光强度级别进行调整，以及分别对各个通道进行调整。打开一张图像，如图 4-4 所示，执行【色阶】命令，或按【Ctrl+L】组合键，弹出【色阶】

对话框，如图 4-5 所示，现对【色阶】对话框中的常用选项说明如下：

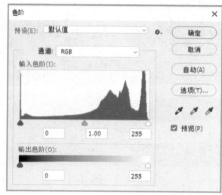

图 4-4　　　　　　　　　　　　　　　图 4-5

【色阶】对话框中间是一个直方图，其横坐标为 0 ～ 255，表示亮度值，纵坐标为图像的像素数。

◆通道：可以从其下拉列表中选择不同的色彩通道来调整图像。如果想选择两个以上的色彩通道，则要先在【通道】面板中选择所需要的通道，再调出【色阶】对话框。

◆输入色阶：直接输入数值或利用滑块调整图像的暗调、中间调和高光。调整【输入色阶】选项的滑块后，图像产生的不同色彩效果如图 4-6a 和图 4-6b 所示。

图 4-6a　　　　　　　　　　　　　　　图 4-6b

◆输出色阶：主要是限定图像输出的亮度范围，降低图像的对比度。调整【输出色阶】选项的两个滑块后，图像产生的不同色彩效果，如图 4-7a 和图 4-7b 所示。

图 4-7a

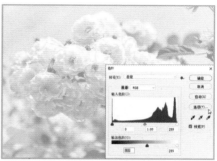

图 4-7b

◆自动：可自动调整图像并设置层次。

◆选项：单击此按钮，弹出【自动颜色校正选项】对话框，如图 4-8 所示，系统将以 0.10％来对图像进行加亮和变暗处理。

图 4-8

4.2.3　曲线

　　【曲线】命令与【色阶】命令的作用相似，但功能更强，它除了能调整图像的亮度外，还能调整图像的【对比度】和【色彩】。选择一张图像打开，执行【曲线】命令，或按【Ctrl+M】组合键，弹出【曲线】对话框，如图 4-9所示。在图像中单击并按住鼠标左键不放，如图 4-10 所示，【曲线】对话框中的调节曲线上显示出一个小圆圈，它表示在图像中点击处的像素数值。

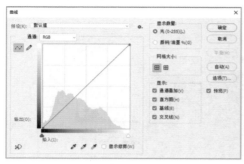

图 4-9

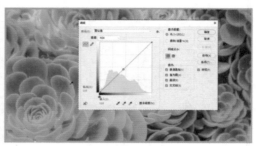

图 4-10

设置不同的曲线，图像效果如图 4-11a 和图 4-11b 所示。

图 4-11a

图 4-11b

4.2.4 曝光度

在处理图像过程中，如果我们需要调整图像的曝光度，具体的操作步骤如下：

1 打开一张图片，如图4-12所示，执行【图像】→【调整】→【曝光度】命令，弹出【曝光度】对话框，如图4-13所示。

图 4-12

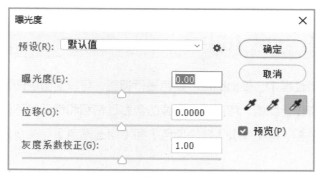

图 4-13

2 在【曝光度】对话框中，对图像进行调整，单击确定按钮，调整前后的效果对比，如图4-14a和图4-14b所示。

图 4-14a

图 4-14b

4.3 调整图像的色彩

图像调节过程中，要对图像的颜色进行调整，可以对当前图像的色彩进行更加细致地修正。比如，可以调整图像的色彩过饱和和饱和度不够等问题。色彩调整的【色相/饱和度】、【替换颜色】和【可选颜色】等命令是要重点掌握的对象。

4.3.1 自然饱和度

【自然饱和度】命令可以对图像进行灰度调到饱和色调的调整，可以增加不饱和的颜色的饱和度，还可防止颜色过度饱和。调整自然饱和度的步骤如下：

1. 打开一张图片，如图4-15所示。执行【图像】→【调整】→【自然饱和度】命令，弹出【自然饱和度】对话框，如图4-16所示。

图 4-15   图 4-16

2. 在【自然饱和度】对话框中对图片进行调整，图片调整前后的效果对比，如图4-17a和图4-17b所示。

图 4-17a   图 4-17b

4.3.2 色相/饱和度

【色相／饱和度】命令可以调整整个图像或图像中单个颜色的色相、饱和度和亮度。调整【色相／饱和度】的步骤如下：

1️⃣ 打开一张图像，原始图像效果如图4-18所示。

2️⃣ 执行【图像】→【调整】→【色相/饱和度】命令，或按【Ctrl+U】组合键，弹出【色相/饱和度】对话框，如图4-19所示。

图 4-18

图 4-19

3️⃣ 在【色相/饱和度】对话框中进行设置，单击【确定】按钮，图片调整前后的效果对比，如图4-20a和图4-20b所示。

图 4-20a

图 4-20b

现对【色相 / 饱和度】对话框中的常用选项说明如下：

◆ 预设：系统保存的调整数据。单击【预设】选项右侧的下拉按钮，在弹出的菜单中可以选择系统自带的 8 种样式调整图像的【色相 / 饱和度】，如图 4-21 所示。

◆【预设选项】按钮：单击此按钮，弹出其下拉菜单，如图 4-22 所示，可以进行存储、载入或删除预设。

图 4-21

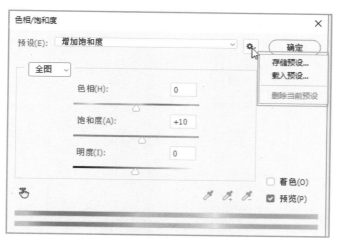

图 4-22

4.3.3 匹配颜色

【匹配颜色】命令可以将一个图像中的色彩关系映射到另一个图像上，可以便捷地更改图像颜色。它可以匹配不同图像之间的颜色，也可以匹配同一个文档中不同图层之间的颜色，步骤如下：

1️⃣ 打开两张色调不同的图片，如图4-23、图4-24所示。

图 4-23

图 4-24

2️⃣ 选择需要调整的图片，执行【图像】→【调整】→【匹配颜色】命令，弹出【匹配颜色】对话框，在【源】选项中选择匹配文件的名称，再设置其他各选项，如图4-25所示。

图 4-25

3 单击【确定】按钮，在进行【匹配颜色】处理后，图片前后效果如图 4-26a 和图4-26b所示。

图 4-26a

图 4-26b

实用贴士

　　RGB 模式的图像可以使用【匹配颜色】命令，而 CMYK 模式的图像不可使用【匹配颜色】命令。

4.3.4 替换颜色

【替换颜色】命令能够把
图像的全部或者选定部分的颜
色用指定的颜色来代替，步骤
如下：

1️⃣ 打开一张图像，如图4-27
所示。

2️⃣ 执行【图像】→【调整】
→【替换颜色】命令，弹
出【替换颜色】对话框，

图 4-27

如图4-28所示。用【吸管】工具在图片上吸取要替换的白色道路，单击
【替换】选项组中【结果】选项的颜色图标，弹出【拾色器】对话框，
如图4-29所示，将要替换的颜色设置为灰色，设置【替换】选项组中的
其他选项，调整图像的色相、饱和度和明度。

图 4-28

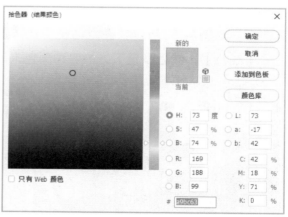

图 4-29

3️⃣ 单击【确定】按钮，白色的道路被替换为灰色，前后效果对比如图
4-30a和图4-30b所示。

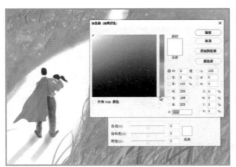

图 4-30a   图 4-30b

4.3.5 可选颜色

　　【可选颜色】命令能够很好地调整颜色不平衡的问题，它可以在图像中的每个加色和减色的原色成分中增加和减少印刷颜色的量。使用该命令的好处是只改变某一主色中的某一印刷色的成分，而不影响该印刷色在其他主色中的表现，步骤如下：

1　原始图像效果如图4-31所示。

2　执行【图像】→【调整】→【可选颜色】命令，弹出【可选颜色】对话框，如图4-32所示，在对话框中的【颜色】下拉列表中选择要调整的【红色】，然后设置下方的四种颜色来调整目标颜色。

图 4-31   图 4-32

③ 调整后，单击【确定】按钮，调整前后的图像效果如图4-33a和图4-33b所示。

图 4-33a

图 4-33b

4.3.6 通道混合器

利用【通道混合器】命令，可分别对各通道进行颜色调整，从而调整图像的色彩。操作步骤如下：

① 原始图像效果如图4-34所示。

图 4-34

② 执行【图像】→【调整】→【通道混合器】命令，弹出【通道混合器】对话框，如图4-35所示。

图 4-35

3　在【通道混合器】对话框中进行设置后，单击【确定】按钮，图像处理
　　前后的效果如图4-36a和图4-36b所示。

图 4-36a

图 4-36b

4.3.7　色彩平衡

在调整图像的色彩的时候，图像的整个色彩平衡也会受到影响。在调整色彩平衡时，可以采用的方法有很多，具体采用哪种方法，取决于图像本身以及需要达到的效果。操作步骤如下：

1　打开一张图像，如图4-37所示，执行【图像】→【调整】→【色彩平衡】命令，或按【Ctrl+B】组合键，弹出【色彩平衡】对话框，如图4-38所示。

图 4-37

图 4-38

2　在【色彩平衡】对话框中，设置不同的色彩平衡后，处理前后的图像效果如图4-39a和图4-39b所示。

图 4-39a

图 4-39b

4.4 调整特殊色调和色彩

有些命令也可以用来更改图像的颜色和亮度值，但它们不用于调整颜色，
而通常用于增强颜色和产生特殊效果。如【反相】【阈值】【色调分离】【去色】
和【渐变映射】命令等。下面对这些命令进行详细的介绍。

4.4.1 反相

【反相】命令能够将一个阳片黑白图像变成阴片，或从扫描的黑白阴片中
得到阳片图像。执行【图像】→【调整】→【反相】命令，如图 4-40 所示，
或按【Ctrl+I】组合键，可以将图像或选区的像素反转为其补色，使其出现底
片效果。不同色彩模式的图像反相后的效果如图 4-41a、图 4-41b、图 4-41c
所示。

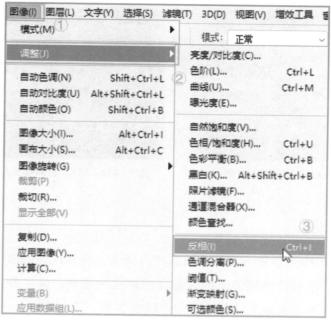

图 4-40

图 4-41a 原始图像效果

图 4-41b RGB 色彩模式反相后的效果　　图 4-41c CMYK 色彩模式反相后的效果

4.4.2　阈值

　　【阈值】命令可以将一定的色阶指定为阈值，所有比该阈值亮的像素将会被转为白色，所有比该阈值暗的像素会被转换为黑色，最终产生的效果是一个高对比度的黑白图像。其具体操作步骤如下：

1　原始图像效果如图4-42所示，执行【图像】→【调整】→【阈值】命令，弹出【阈值】对话框，如图4-43所示。

2　在【阈值】对话框中进行设定之后，单击【确定】按钮，图像处理前后的效果对比如图4-44a和图4-44b所示。

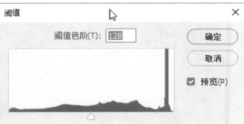

图 4-42　　　　　　　　　　　　图 4-43

图 4-44a

图 4-44b

4.4.3 色调分离

　　【色调分离】命令能够指定图像中每个通道的色调级（或亮度值）的数目，并将这些像素映射为最接近的匹配色调。其具体步骤如下：

1 　打开一张图片，如图4-45所示，执行【图像】→【调整】→【色调分离】命令，弹出【色调分离】对话框，如图4-46所示。

图 4-45　　　　　　　　　　图 4-46

2　在【色调分离】对话框中进行设定，单击【确定】按钮，图像处理前后
的效果对比如图4-47a和图4-47b所示。

图 4-47a　　　　　　　　　　图 4-47b

4.4.4　去色

　　【去色】命令可以消除图像中所
有的色彩信息，使图片最终的效果为
灰度，但是色彩模式却不会改变。执
行【图像】→【调整】→【去色】命
令，或按【Shift+Ctrl+U】组合键，就
可以去掉图像中的色彩，使图像变为灰
度图。【去色】命令可以处理图像的选
区，对选区中的图像进行去色处理如图
4-48所示。进行去色处理前后，图片
的效果对比，如图 4-49a 和图 4-49b
所示。

图 4-48

图 4-49a

图 4-49b

4.4.5 渐变映射

　　【渐变映射】命令，可使图像按选定的渐变图案进行色调调整，从而使图像产生一种特殊的色彩效果。原始图像效果如图 4-50 所示，复制背景图层后，执行【图像】→【调整】→【渐变映射】命令，弹出【渐变映射】对话框，如图 4-51 所示。

图 4-50

图 4-51

　　单击【灰度映射所用的渐变】选项的色带，在弹出的【渐变编辑器】对话框中设置渐变色和不透明度，设置完成后，单击【确定】按钮，图像处理前后的效果如图 4-52a 和图 4-52b 所示。

图 4-52a

图 4-52b

Chapter

05

第 5 章

绘制图像

导读 ▶

在处理图像的时候，有时也需要绘制一些图像，Photoshop提供了功能强大的绘图工具。本章节介绍了铅笔和画笔两种绘图工具，以及历史记录画笔工具的使用，其中，画笔工具是要重点掌握的对象。

学习要点：★了解画笔和铅笔两种绘图工具

★掌握设置画笔的方法

★能够使用绘图工具描绘图像

5.1 画笔工具

画笔工具可以绘制出各种绘画效果的图像。利用画笔工具可以绘制边缘柔和的线条，画笔的大小、边缘柔和张度都可以灵活调节。

5.1.1 画笔工具属性

首先了解一下画笔工具的属性，选择【画笔】工具，其属性栏如图 5-1所示，各选项说明如下：

图 5-1

◆画笔：单击工具属性栏上的【画笔】下拉按钮，在打开的面板中可以设置画笔的大小和硬度。

◆模式：设置绘图的像素和图像之间的混合模式。

◆不透明度：用来设定画笔颜色的不透明度。【不透明度】选项用于设置绘制效果的不透明度，其数值范围为 0% ~ 100%，数值越大，不透明度就越高。

◆流量：设置画笔颜色的深浅。其数值范围为 0% ~ 100%，数值为 100% 时，画笔的浓度为 100%，数值为 50% 时，画笔的浓度则为 50%。

◆喷枪：可以选择喷枪效果。启用喷枪工具，画笔在画面中停留的时间越长，喷射的范围就越大。

另外，可以对【画笔】工具进行设置。在【画笔】工具选项栏中单击【画笔】选项右侧的【画笔设置】按钮，弹出如图 5-2 所示的【画笔设置】面板，在此面板中可以设置画笔形状。

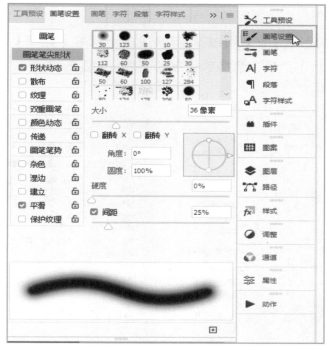

图 5-2

5.1.2 画笔

执行【窗口】→【画笔】命令，或单击工具栏选项中的【切换画笔面板】按钮，即可打开【画笔】面板。在【画笔】面板中，不仅可以对笔触外观效果进行更多的设置，而且可以对画笔的尺寸、形状和旋转角度等基础参数进行设置。

1.画笔预设

【画笔预设】面板可以在画笔形状列表框中显示当前保存的所有画笔。在选项栏中单击或者右击【画笔预设】按钮，弹出【画笔预设选取器】面板，在此面板中不仅能调整画笔形状，而且可以选取预设画笔，如图 5-3 所示。在画笔选择框中单击需要的画笔，可以选择此画笔。在面板下方有一个预览画笔效果的窗口。

2.画笔笔尖形状

【画笔笔尖形状】面板可以设置画笔的形状。在【画笔】面板中，单击【画笔笔尖形状】选项，切换到相应的面板，如图 5-4 所示，各选项说明如下：

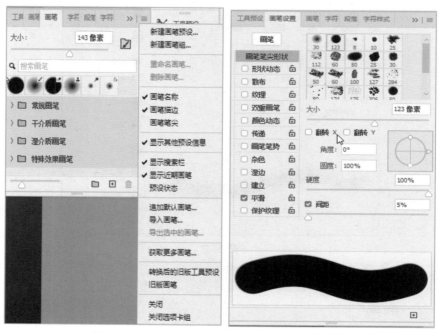

图 5-3

图 5-4

◆大小：用于设置画笔的直径。数值越大，则画笔的走势也越大。

◆角度：用于改变非圆形画笔的旋转角度。可以通过在数值框中输入数值或拖动右侧控制框中的箭头控制杆进行设置。不同旋转角度的画笔绘制的线条效果如图 5-5a 和图 5-5b 所示。

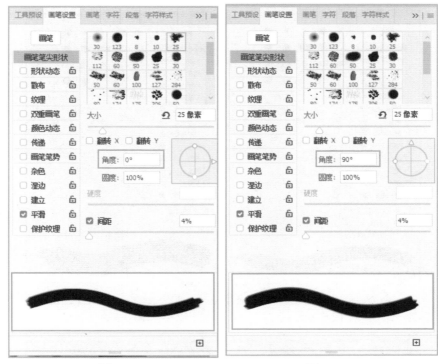

图 5-5a　　　　　　　　　　　　　　图 5-5b

◆圆度：用于设置画笔的圆滑度。百分数越大，画笔越趋向于正圆或画笔在定义时所具有的比例，不同圆滑度的画笔绘制的效果如图 5-6a 和图 5-6b 所示。

◆硬度：用于设置画笔的硬度。硬度的数值用百分比表示，百分数越大，画笔的边缘越清晰；反之则越柔和。不同硬度的画笔绘制的线条效果如图 5-7a 和图 5-7b 所示。

◆间距：用于设置画笔画出的标记点之间的距离。不同间隔的画笔绘制的线条效果如图 5-8a 和图 5-8b 所示。

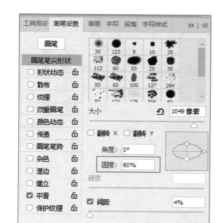
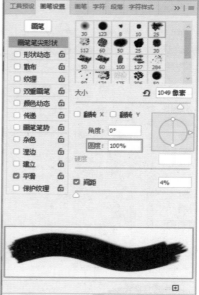

图 5-6a

图 5-6b

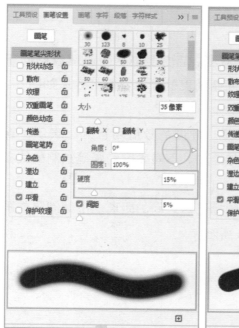
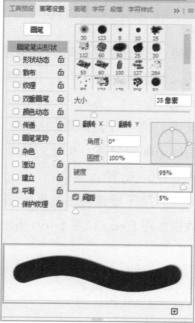

图 5-7a

图 5-7b

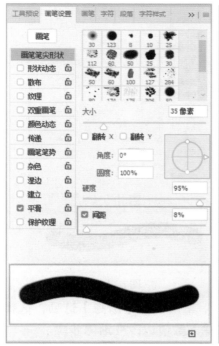

图 5-8a 图 5-8b

3.形状动态

【形状动态】面板可以设置描边中
的画笔笔迹的变化。在【画笔】面板
的【画笔设置】选项卡中，单击【形
状动态】选项，切换到相应的面板，
如图 5-9 所示，各选项说明如下：

◆ 大小抖动：用于设置画笔在绘
制过程中尺寸的波动张度。百分数越
大，波动的张度越大。数值设置为
100%时，画笔绘制的元素会出现最大
的自由随机度，如图 5-10 所示；数值
设置为 0%时，画笔绘制的元素没有变
化，如图 5-11 所示。

图 5-9

111

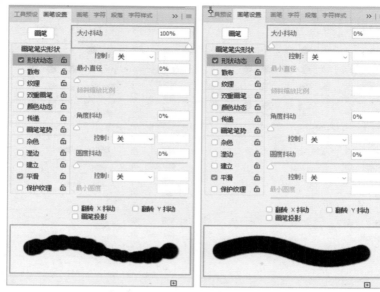

| 图 5-10 | 图 5-11 |

◆控制：用于控制画笔波动的方式。常用的是【渐隐】选项，选择此项后，在右侧会激活一个数值框，在此可输入数值以改变渐隐步骤。

选择【渐隐】选项，在其右侧的数值框中输入数值 25，将【最小直径】选项设置为 0%，画笔绘制的效果如图 5-12 所示；将【渐隐】选项设置为 25，将【最小直径】选项设置为 52%，画笔绘制的效果如图 5-13 所示。

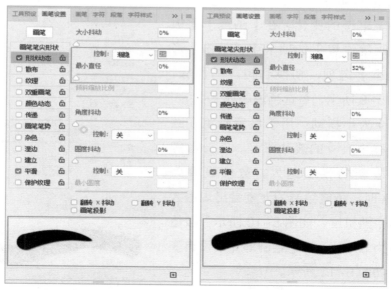

| 图 5-12 | 图 5-13 |

各项说明如下：

◆最小直径：用于设置画笔发生波动时画笔的最小尺寸。

◆角度抖动、控制：用于设置画笔在绘制线条的过程中标记点角度的动态变化效果。在【控制】选项的下拉列表中，可以选择各个选项，用来控制抖动角度的变化，如图 5-14a 和图 5-14b 所示。

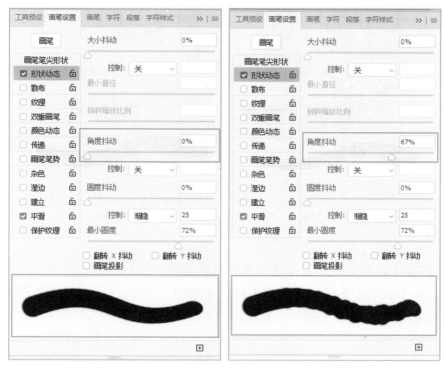

图 5-14a   图 5-14b

◆圆度抖动、控制：用于设置画笔在绘制线条的过程中标记点圆度的动态变化效果。在【控制】选项的下拉列表中，可以选择多个选项，用来控制圆度抖动的变化。设置圆度抖动数值前后，画笔绘制的对比效果如图 5-15a 和图 5-15b 所示。

◆最小圆度：用于设置画笔发生波动时画笔的最小圆度值。百分数越大，发生波动的范围越小，波动的张度也会相应变小。

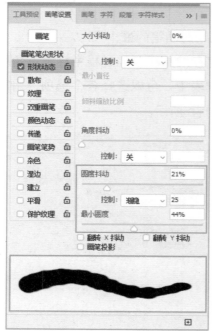

图 5-15a

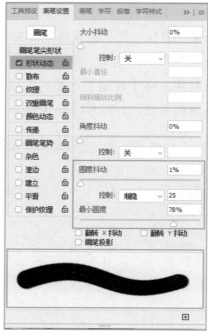

图 5-15b

4.散布

【散布】选项可以设置描边中笔迹的数量和位置。在【画笔】面板中，单击【散布】选项，切换到相应的面板，如图 5-16 所示，各选项说明如下：

◆散布：用于设置画笔绘制的线条中标记点的分散程度。百分数越大，分散的范围越广。若不勾选【两轴】复选框，画笔标记点的分布与画笔绘制的线条方向垂直；若勾选【两轴】复选框，则画笔标记点将以放射状分布，效果如图 5-17a 和图 5-17b 所示。

◆数量：用于设置画笔笔迹数量。数值越大，画笔笔迹重复越多。设置不同的数值后，画笔绘制的效果如图 5-18a 和图 5-18b 所示。

图 5-16

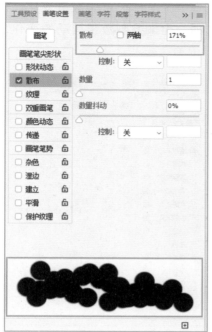

图 5-17a

图 5-17b

图 5-18a

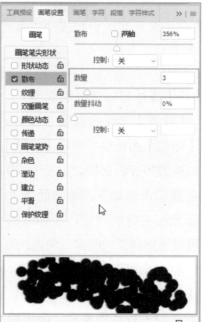

图 5-18b

115

◆数量抖动：用于设置每个空间间隔中画笔标记点的数量变化。在【控制】选项的下拉列表中可以选择各个选项，用来控制数量抖动的变化，如图5-19a和图5-19b所示。

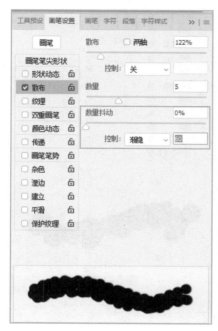

图5-19a

图5-19b

5.纹理

【纹理】面板可以使画笔纹理化。

（1）【纹理】工具的选项

在【画笔】面板中，单击【纹理】选项，切换到相应的面板，如图5-20所示，各选项说明如下：单击面板上方纹理预览图右侧的按钮，在弹出的面板中可以选择需要的图案，勾选【反相】选项，可以设定纹理的反相效果。

（2）使用【纹理】工具

设置不同的纹理图案后，画笔绘制的效果如图5-21a和图5-21b所示。

图5-20

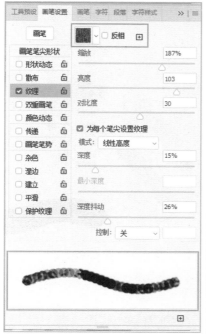

图 5-21a

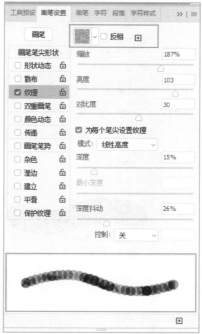

图 5-21b

6.颜色动态

【颜色动态】面板用于设置画笔绘制的过程中颜色的动态变化情况。

（1）【颜色动态】工具的选项

在【画笔】面板中，单击【颜色动态】选项，切换到相应的面板，如图 5-22 所示，各选项说明如下：

（2）使用【颜色动态】工具

设置不同的颜色动态数值后，画笔绘制的效果如图 5-23a 和图 5-23b 所示。

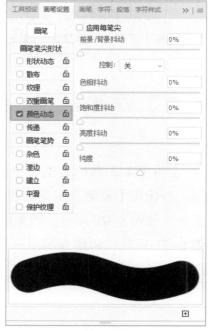

图 5-22

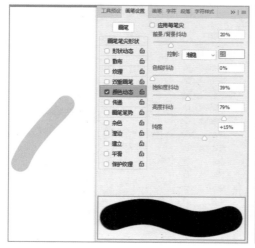
图 5-23a

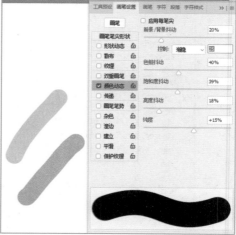
图 5-23b

5.2 铅笔工具

铅笔工具通常用于绘制一些棱角比较突出、无边缘发散效果的线条。选择
【铅笔】工具，其选项栏如图 5-24 所示，与【画笔】工具基本相同。

图 5-24

　　【铅笔】工具的选项栏中有一个【自动抹除】复选框。选中该复选框
后，再使用【铅笔】工具在画布上随便画出一笔，这时显示的是前景色的
颜色，如图 5-25 所示；把光标的中心对准已经画好的前景色的线条上，如
图 5-26 所示；再随意画出一个线条，颜色就是背景色的颜色，如图 5-27
所示。

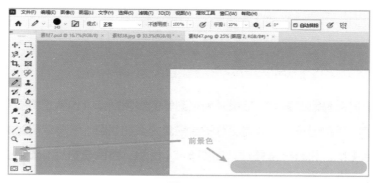

图 5-25

图 5-26

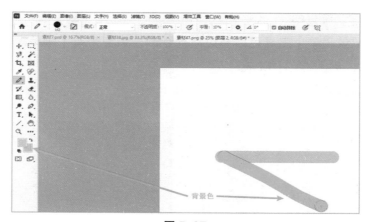

图 5-27

实用贴士

　　铅笔工具和画笔工具相比较，铅笔工具只能画硬边的线条，而画笔工具既可以画硬边的线条，也可以画柔边的线条。

零基础图像处理从入门到精通

5.3 历史记录画笔工具

历史记录画笔工具可以记录并恢复图像的编辑操作，也就是将图像编辑中的某个状态还原出来，或者将部分图像恢复为最初状态，没有编辑过的图像则不会受到影响。打开一张图片，如图 5-28 所示，图像在执行【图像】→【调整】→【去色】命令，图片呈灰度显示，如图 5-29 所示。此时【历史记录】面板上显示的图标如图 5-30 所示，说明此条记录是历史画笔源。

图 5-28

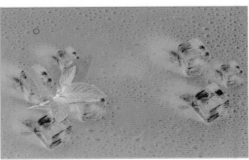

图 5-29

【历史记录画笔】工具可以通过鼠标绘制，恢复带有【画笔源】图标的历史记录状态，如图 5-31 所示。

图 5-30

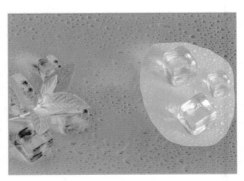

图 5-31

120

Chapter

06

第 6 章
修饰与编辑
图像

导读 ▶

本章主要介绍使用图像修饰与编辑工具对图像进行修复，包括对图像的修复、美化及合成。如擦除图像中多余的部分，修正图像的锐化度，改变图像的曝光度以及把有缺陷的图像修复完整。

学习要点：★熟练掌握修复与修补工具的运用方法
★掌握修饰工具的使用技巧
★了解擦除工具的使用方法
★掌握图像修复工具的使用方法
★掌握移动和裁切工具的使用方法

6.1 图像擦除

当图像中出现多余的部分时，擦除工具可以擦除图像的颜色或是擦除颜色相近区域的图像。橡皮擦工具组包括橡皮擦工具、背景橡皮擦工具和魔术橡皮擦工具。

6.1.1 橡皮擦工具

橡皮擦工具可以擦除图像中不需要的像素。它的使用方法非常简单，只要选择相应的图层按住鼠标左键拖曳即可擦除涂抹区域的像素，并自动以背景色填充擦除区域。如果对图层使用，则擦除区域将变为透明状态。

1.橡皮擦工具的选项

选择【橡皮擦工具】，或反复按【Shift+E】组合键，其选项栏如图6-1所示。

图 6-1

2.使用橡皮擦工具

选择【橡皮擦工具】，在图像中拖曳鼠标，可以擦除图像。当图层为背景图层时，用橡皮擦擦除的区域显示为橡皮擦选用的背景色，效果如图6-2所示；当被擦除的图层是普通图层时，橡皮擦擦除区域显示的为透明，效果如图6-3所示。

图 6-2

图 6-3

6.1.2 **背景橡皮擦工具**

背景橡皮擦工具可以擦除图像中相同或相似的像素并使其透明。

1.背景橡皮擦工具的选项

选择【背景橡皮擦工具】，或反复按【Shift+E】组合键，其选项栏如图 6-4 所示。

图 6-4

2.使用背景橡皮擦工具

选择【背景橡皮擦工具】，在图像中擦除图像，擦除前后的对比效果如图 6-5 和图 6-6 所示。

图 6-5

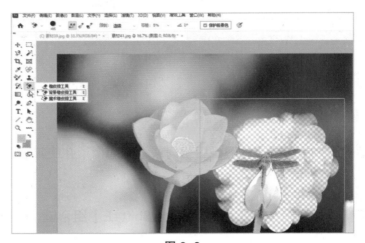

图 6-6

实用贴士　　　在背景图层上使用橡皮擦工具擦除图像，被擦除部分显示为白色，而用背景橡皮擦工具，则被擦除部分会显示为透明。

6.1.3　魔术橡皮擦工具

魔术橡皮擦工具是个便捷的擦除工具，只需要在需要擦除的区域上单击，即可快速擦除图像中所有与取样颜色相同或相近的像素。

1.魔术橡皮擦工具的选项

选择【魔术橡皮擦工具】，或反复按【Shift+E】组合键，其选项栏如图 6-7 所示。

图 6-7

2.使用魔术橡皮擦工具

选择【魔术橡皮擦工具】，【魔术橡皮擦工具】选项栏中的选项为默认值，用【魔术橡皮擦工具】擦除图像，擦除前后的对比效果如图 6-8a、图 6-8b 所示。

图 6-8a

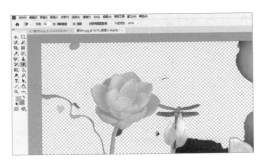

图 6-8b

6.2 图像的局部修饰

Photoshop 中的模糊、锐化和涂抹工具都是用于对图像进行局部修饰的工具。

这些工具的使用方法也很简单，只需要选择对应的工具，然后在图像上进行涂抹即可。需要注意的是，在使用这些工具时，应该根据具体的需求和图像的特点来选择合适的参数和涂抹方式。

6.2.1 模糊工具

模糊工具可使图像的色彩、边界变模糊。

1.模糊工具的选项

选择【模糊工具】，或反复按【Shift+R】组合键，其选项栏如图 6-9 所示。

图 6-9

2.模糊图像

选择【模糊工具】，在【模糊工具】选项栏中进行如图 6-10 所示的设定，在图像中拖曳鼠标使图像产生模糊的效果。原图像和模糊后的图像效果如图 6-11a 和图 6-11b 所示。

图 6-10

图 6-11a

图 6-11b

6.2.2 锐化工具

锐化工具的效果恰恰和模糊工具相反，它可以通过增大图像相邻像素间的色彩反差，从而使图像的边界更加清晰。选择【锐化工具】，或反复按

【Shift+R】组合键，其选项栏如图 6-12 所示，其内容与【模糊工具】选项栏的选项内容类似。

图 6-12

选择【锐化工具】，在图像中的文字上拖曳鼠标使图像产生锐化的效果。原图像和锐化后的图像效果分别如图 6-13a、图 6-13b 所示。

图 6-13a   图 6-13b

6.2.3 涂抹工具

涂抹工具是用来模拟手指在未干的画面上涂抹而产生的效果，使用该工具可以实现对图像的局部变形处理，制造出和涂抹路径的颜色融合的效果。
选择【涂抹工具】，其选项栏如图 6-14 所示，选项栏中的内容与【模糊工具】
选项栏的选项内容类似，增加的【手指绘画】选项用于设定是否按前景色进
行涂抹。

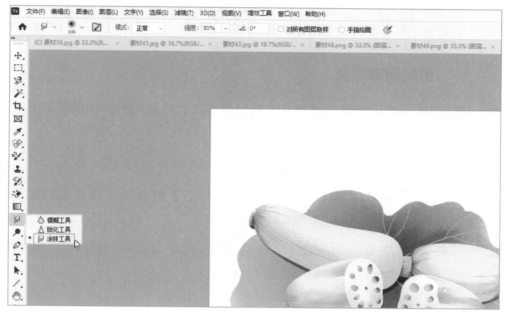

图 6-14

　　选择【涂抹工具】，在图像中单击圆环光标并按住鼠标左键不放，拖曳鼠
标左键使圆环产生卷曲的效果。原图像和涂抹后的图像效果分别如图 6-15a、
图 6-15b 所示。

图 6-15a

图 6-15b

6.3 复制局部图像

仿制图章工具和图案图章工具，可以复制图像的特定部分，或者将预先定义的图案复制到同一图层或另一个图层上，以实现对图像的局部修饰。

6.3.1 仿制图章工具

仿制图章工具以指定的像素点为复制基准点，将其周围的图像复制到其他区域。

1.仿制图章工具的选项

选择【仿制图章工具】，或反复按【Shift+S】组合键，其选项栏如图6-16所示。

图 6-16

2.使用仿制图章工具

选择【仿制图章工具】，将光标移动到图像中要复制的位置，按住【Alt】键，鼠标光标会变为圆形十字图标，这时单击定下取样点，松开鼠标左键，在合适的位置单击并拖曳鼠标左键复制出取样点的图像，运用仿制图章工具处理之后的前后对比效果，如图6-17a、图6-17b所示。

图 6-17a

图 6-17b

6.3.2 图案图章工具

图案图章工具与仿制图章工具的功能相似，但是该工具不是制作图像中的局部图像，而是将预先定义好的图案复制到图像中。选择【图案图章工具】，或反复按【Shift+S】组合键，其选项栏如图 6-18 所示。

图 6-18

选择【图案图章工具】，在要定义为图案的图像上绘制选区，如图 6-19 所示。执行【编辑】→【定义图案】命令，如图 6-20a 所示，弹出【图案名称】对话框，单击【确定】按钮，如图 6-20b 所示，定义选区中的图像为图案。

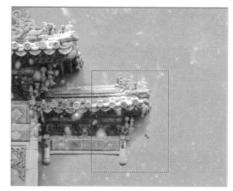

图 6-19

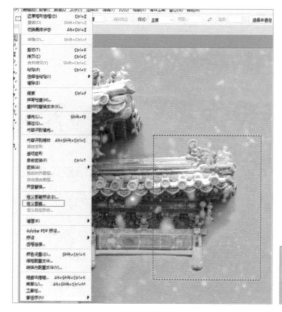

图 6-20a

图 6-20b

在【图案图章工具】选项栏中选择定义好的图案，如图 6-21 所示，按

【Ctrl+D】组合键，取消图像中的选区。选择【图案图章工具】，在合适的位置拖曳鼠标左键复制定义好的图案，效果如图 6-22 所示。

图 6-21

图 6-22

6.4 修复图像

图像中出现部分污点，需要在不影响整体美观的情况下，使用修复工具进行修复，在修复的时候应该尽量选择与周围颜色和纹理相近的取样点，以获得更好的修复效果。

6.4.1 污点修复画笔工具

污点修复画笔工具会自动对图像中的不透明度、颜色与质感进行像素取样，只需在污点上单击鼠标左键即可校正图像上的污点。选择【污点修复画笔工具】，或反复按【Shift+J】组合键，其选项栏如图 6-23 所示。

图 6-23

原始图像如图 6-24 所示。选择【污点修复画笔工具】，在要修复的污点图像上拖曳鼠标左键，进行涂抹，污点被去除，效果如图 6-25a、6-25b 所示。

图 6-24

图 6-25a

图 6-25b

6.4.2 修复画笔工具组

修复画笔工具可以用来修整图像的缺失部分，它与仿制图章工具类似，都是通过复制局部图像来进行修复，但是修复画笔工具会让复制的图像与原图像融合得更加自然。

1.修复画笔工具的选项

选择【修复画笔工具】，或反复按【Shift+J】组合键，选项栏如图 6-26 所示，各选项说明如下：

图 6-26

◆画笔：可以选择修复画笔的大小。单击【画笔】选项右侧的下拉按钮，在弹出的【画笔】面板中，可以设置画笔的大小、硬度、间距、角度、圆度和压力大小，如图 6-27 所示。

图 6-27

◆【修复画笔工具】：可以将取样点的像素信息自然地复制到图像的破损位置，并保持图像的亮度、饱和度、纹理等属性。使用【修复画笔工具】修复照片的过程如图 6-28a、图 6-28b 所示。

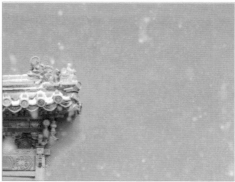

图 6-28a　　　　　　　　　　　图 6-28b

2.修复图像

在【修复画笔工具】的选项栏中选择【图案】，单击图案左侧的下拉按钮，选择所需要的图案。如图 6-29 所示，使用【修复画笔工具】在图像上进行修复，拖曳后松开鼠标左键，效果如图 6-30 所示。

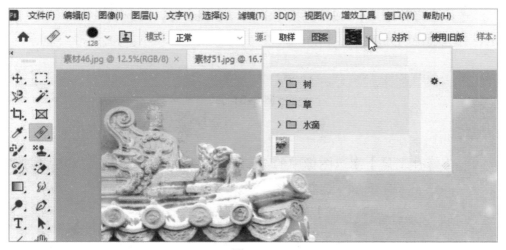

图 6-29

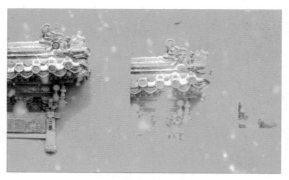

图 6-30

6.4.3　修补工具

应用修补工具可以便捷地对图像中的某一区域进行修补，同时也可以使用图案来修补区域。

1.修补工具的选项

选择【修补工具】，或反复按【Shift+J】组合键，其选项栏如图 6-31 所示，各选项说明如下：

图 6-31

2.修补图像

用【修补工具】圈选图像中的小狗，如图 6-32 所示。选择【修补工具】选项栏中的【源】选项，在选区中单击并按住鼠标左键不放，移动鼠标左键将选区中的图像拖曳到需要的位置，如图 6-33 所示。松开鼠标左键，选区中的小树被新放置的选区位置的图像所修补，效果如图 6-34 所示。按

图 6-32

【Ctrl+D】组合键，取消选区，修补的效果如图 6-35 所示。

图 6-33

图 6-34

图 6-35

  选择【修补工具】选项栏中的【目标】选项，用【修补工具】圈选图像中的区域，将选区拖动至其他区域时，可以将原区域内的图像复制到该区域，如图 6-36 所示。

图 6-36

　　选择【修补工具】选项栏中的【透明】选项，如图 6-37 所示，可以使修补的图像与原始图像产生透明的叠加效果，如图 6-38 所示。该选项适用于修补纯色背景或渐变背景。

图 6-37

图 6-38

6.5 修饰图像

要使图像局部变亮、变暗以及改变图像的局部色彩饱和度，则需要使用减淡工具、加深工具以及海绵工具来进行。

6.5.1 减淡和加深工具

减淡工具用于使图像产生减淡的效果。加深工具用于使图像产生加深的效果。

1.减淡工具

减淡工具的主要作用是改变图像的曝光度，对图像中局部曝光不足的区域进行加亮处理。选择【减淡工具】，或反复按【Shift+O】组合键，其选项栏如图 6-39 所示，各选项说明如下：

图 6-39

◆画笔：用于选择画笔的形状。

◆范围：用于设定图像中所要提高亮度的区域。

◆曝光度：用于设置【减淡工具】操作时的亮化程度。

打开一张图片，如图 6-40 所示，选择【减淡工具】，在图像中拖曳鼠标使图像产生减淡的效果，如图 6-41 所示。减淡处理后的最终效果，如图 6-42 所示。

图 6-40　　　　　　　　图 6-41　　　　　　　　图 6-42

2.加深工具

加深工具的作用是改变图像的曝光度，对图像中局部曝光过度的区域进行加深处理。选择【加深工具】，或反复按【Shift+O】组合键，其选项栏如图 6-43 所示，选项栏中的内容与【减淡工具】选项栏中选项的作用正好相反。

图 6-43

选择【加深工具】，在图像中拖曳鼠标左键使图像产生加深的效果。原图像和加深后的图像效果分别如图 6-44a 和图 6-44b 所示。

图 6-44a   图 6-44b

6.5.2 海绵工具

海绵工具可以对局部的色彩饱和度进行加深或降低处理。选择【海绵工具】，或反复按【Shift+O】组合键，其选项栏如图 6-45 所示。

图 6-45

选择【海绵工具】，在图像中拖曳鼠标左键使图像增加色彩饱和度。原图像和使用【海绵工具】后的图像效果分别如图 6-46a、图 6-46b 所示。

图 6-46a

图 6-46b

6.6 编辑图像

对齐、裁切和抠除是图像处理中常见的操作，在 Photoshop 中都可以实现。利用移动工具，裁切工具以及选择工具，可以对图像进行编辑。

6.6.1 移动工具

移动工具能够将选区或图层移动到同一图像的新位置或其他图像中。

1.移动工具的选项

选择【移动工具】，其选项栏如图 6-47 所示，各选项说明如下：

图 6-47

◆自动选择：在其下拉列表中选择【组】时，可直接选中所单击的非透明图像所在的图层组；在其下拉列表中选择【图层】时，在图像上单击鼠标左键，即可直接选中指针所指的非透明图像所在的图层。

◆显示变换控件：勾选此选项，可在选中对象的周围显示定界框，如图 6-48 所示。单击定界框上的任意控制点，选项栏变化如图 6-49 所示。

图 6-48

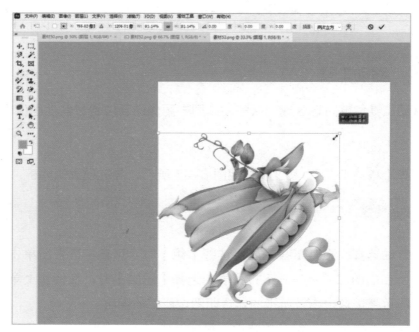

图 6-49

◆对齐按钮: 选中【顶对齐】按钮、【垂直居中对齐】按钮、【底对齐】

按钮、【左对齐】按钮、【水平居中对齐】按钮、【右对齐】按钮，可在图像中
对齐选区或图层。

　　同时选中两个图层中的图形，在【移动】工具选项栏中勾选【显示变换
控件】选项，图形的边缘显示定界框，如图 6–50 所示。单击选项栏中的【垂
直居中对齐】按钮，如图 6–51 所示，图形的对齐效果如图 6–52 所示。

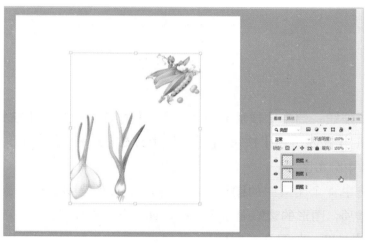

图 6–50

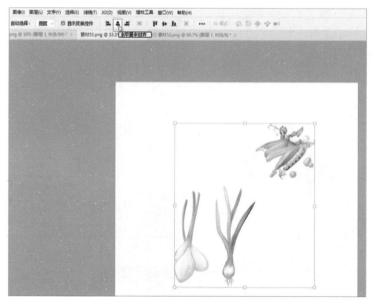

图 6–51

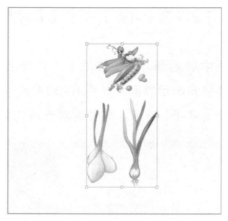

图 6-52

◆分布按钮：选中【按顶分布】按钮、【垂直居中分布】按钮、【按底分布】按钮、【按左分布】按钮、【水平居中分布】按钮、【按右分布】按钮，可以在图像中分布图层。

同时选中 4 个图层中的图形，在【移动】工具选项栏中勾选【显示变换控件】选项，图形的边缘显示定界框，如图 6-53 所示。单击选项栏中的【垂直分布】按钮，如图 6-54 所示，图形的分布效果如图 6-55 所示。

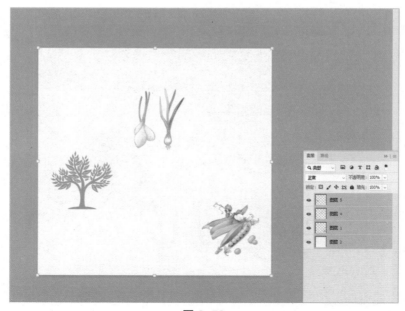

图 6-53

图 6-54

图 6-55

2.移动图像

在同一文件中移动图像的步骤如下:

1 原始图像效果如图6-56所示。

② 选择【移动】工具，在选项栏中将【自动选择】选项设为【图层】，用鼠标选中小羊图形，小羊果图形所在图层被选中，拖曳小羊图形，效果如图6-57所示。

在不同文件中移动图像的步骤如下：

① 打开一张草原图片，如图6-58所示，然后再打开一张小羊图片，这张图片在原来那张图片的旁边，如图6-59所示。

② 选择【移动】工具，将【小羊】图片向草原图像中拖曳，如图6-60所示。

图 6-56

图 6-57

图 6-58

图 6-59

图 6-60

将图层中的图像对齐选区的步骤如下：

① 打开两张图片，把长颈鹿的图片移动到这张风景图片中，在图中画出一片选取，如图6-61所示。

2 选择【移动】工具，选中长颈鹿的这张图，单击选项栏中的【底对齐】
按钮，如图6-62所示，这样长颈鹿的图片就与选区的底部对齐了，最终
效果如图6-63所示。

图 6-61

图 6-62

图 6-63

6.6.2 图像的裁剪

可以根据需要对图像进行整体或部分裁剪。

1.裁剪工具

裁剪工具是在调整画布大小时经常用到的一种工具，使用该工具可以将图像中不需要的部分裁剪掉。选择【裁剪】工具，或按【C】键，其选项栏如图 6-64 所示。

图 6-64

单击选项栏中的【设置】按钮，可以设置其他裁切选项，如图 6-65 所示，说明如下：

图 6-65

打开一张图片，如图 6-66 所示，选择【裁剪】工具，在选项栏中选择
【比例】，在宽度和高度互换的框中分别输入数字 10 和 8，如图 6-67 所示。
最后裁剪效果，如图 6-68 所示。

图 6-66

图 6-67

图 6-68

也可选择【宽 × 高 × 分辨率】的模式进行裁剪，这时图像四周会出现 8 个控制手柄，用于调整选区的大小，如图 6-69 所示。调整手柄的位置，绘制好要裁剪的区域，如图 6-70 所示。在选区中双击鼠标左键，图像按选区的大小被裁剪，最终效果如图 6-71 所示。

图 6-69

图 6-70

图 6-71

2.裁剪命令

　　执行【裁剪】命令也可以裁剪图像，步骤如下：

① 打开一张图片，在要裁剪的图像上绘制选区，如图6-72所示。

图 6-72

151

② 执行【图像】→【裁剪】命令，如图6-73所示，最终图像效果如图6-74所示。

图 6-73

图 6-74

3.裁切命令

一张图像中如果含有大面积的纯色区域或透明区域，可以应用【裁切】

命令对图像进行裁剪。打开一张透明区域比较大的图像，如图 6-75 所示，
执行【图像】→【裁切】命令，弹出【裁切】对话框，在对话框中进行设置，
如图 6-76 所示，单击【确定】按钮，效果如图 6-77 所示。

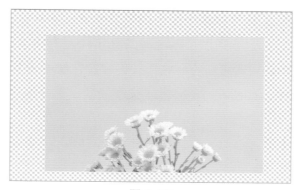

图 6-75

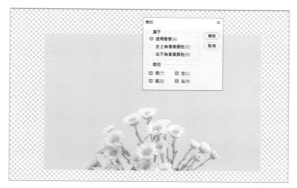

图 6-76

图 6-77

6.6.3 抠图

1.快速选择工具

　　使用快速选择工具可以基于颜色的差异快速绘制选区。打开一张图片，把其从背景图层转化为普通图层，选择工具箱中的【快速选择工具】，如图6-78所示，在图像中要擦除的区域，按住鼠标左键并拖曳，图片中颜色相近的区域会被选中，如图6-79所示。按住鼠标左键并拖曳画笔时，选区范围不但会向外扩张，而且会在图像的边缘自动描绘边界，如图6-80所示。最后按【Delete】键，被选中的区域会被删除掉，最终显示的图形，即为抠图的效果，如图6-81所示。

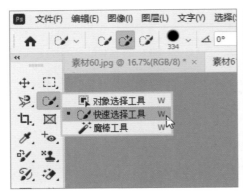

图 6-78

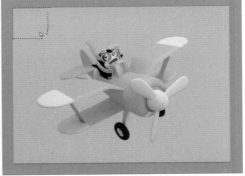

图 6-79

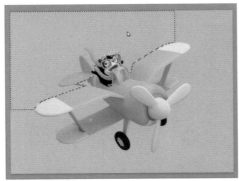

图 6-80

图 6-81

2.魔棒工具

使用魔棒工具在图像中单击就能选取颜色差别在容差值范围之内的区域。【魔棒工具】的使用方法前文已经介绍过，在此不做赘述。单击工具箱中的【魔棒工具】，其选项栏如图6-82所示。

图 6-82

1. 打开一张图片，把其从背景图层转化为普通图层，选择工具箱中的【魔棒工具】，如图6-83所示。

2. 在纯色的区域用魔棒工具点击一下，相似颜色的连续区域就被选中，如图6-84所示，那些颜色相近但未被选中的不连续区域如何选中呢？这个时候只需要右击一下，在弹出的选择框中选择【选取相似】，如图6-85所示，即可选中那些颜色相似但不连续的区域，如图6-86所示。

3. 最后按【Delete】键，被选中的区域会被删除掉，最终显示的图形，即为抠图的效果，如图6-87所示。

图 6-83

图 6-84

图 6-85

图 6-86

图 6-87

3.磁性套索工具

【磁性套索】工具能够基于颜色差异自动识别对象的边界，适合选择与背景对比鲜明且边缘复杂的对象。

【磁性套索】工具的使用方法前文已经介绍过，在此不做赘述。

4.色彩范围命令

色彩范围命令与魔棒工具相似，可以根据颜色范围创建选区，但是该命令提供了更多控制选项，因此该命令的选择精度也要高一些。执行【色彩范围】命令的步骤如下：

1️⃣　执行【选择】→【色彩范围】命令，如图6-88所示，弹出【色彩范围】对话框，接着在图片背景中单击取样，如图6-89所示。

图 6-88

图 6-89

2　适量增大【颜色容差】值，随着【颜色容差】数值的增大，可以看到
【选取范围】缩览图的背景呈现大面积白色，而其他区域几乎都为黑色。
白色表示该区域被选中，黑色表示该区域未被选中，灰色则为羽化选区，
如图6-90所示。

图 6-90

3　为了使背景区域中的灰色部分变为白色，单击【添加到取样】按钮，如
图6-91所示，继续在未被选中的区域单击，直到缩览图中背景区域全部
变为白色，如图6-92所示，然后单击【确定】按钮即可得到选区，效果
图如图6-93所示。最后按【Delete】键，被选中的区域会被删除掉，最
终显示的图形，即为抠图的效果，如图6-94所示。

图 6-91

图 6-92

图 6-93

图 6-94

Chapter

07

第7章

通道与蒙版

通道是一种单色的颜色信息形式，颜色通道与色彩模式密切相关。在色彩模式之外创建的Alpha通道是蒙版和选区的载体。在处理图像时，如果需要对图像的一部分进行单独处理，同时使图像中的其他部分不受影响，可以使用蒙版来选择或者隔离图像的一部分，然后对其余部分的图像执行色彩调整、运用滤镜和其他特殊效果操作，从而增强图像处理的灵活性。

学习要点：★了解通道的作用

★熟练掌握创建与管理通道的方法

★了解图层蒙版的作用

★掌握创建和编辑图层蒙版的方法

7.1 通道

通道是 Photoshop 的一个重要功能，它由分色印刷的印版概念演变而来，可以用来保存图像的颜色信息和存储蒙版。运用通道可以实现许多图像特效。一般，一张色彩丰富的图像是由多个通道叠加形成的效果，对于一张 RGB 图像，有 RGB、R、G、B 四个通道，选择不同的通道会显示不同的颜色，如图 7-1a、7-1b、7-1c、7-1d 所示。

图 7-1a   图 7-1b

图 7-1c   图 7-1d

7.1.1 通道面板简介

查看和编辑通道都是通过【通道面板】来完成的。【通道面板】列出了图像中的所有通道，打开一张图片，执行【窗口】→【通道】命令，即可打开【通道面板】，如图 7-2 所示为一张 RGB 图像的【通道面板】。

图 7-2

7.1.2 通道基本操作

无论是颜色通道、Alpha 通道还是专色通道，都会在【通道面板】中显示，利用通道面板可以创建新通道、复制通道、删除通道、分离通道及合并通道等。

1.创建新通道

在【通道面板】中选择【新建通道】命令，如图 7-3 所示，此时系统将打开【新建通道】对话框，如图 7-4 所示。新建的通道会出现在【通道】面板的最下端，如图 7-5 所示。

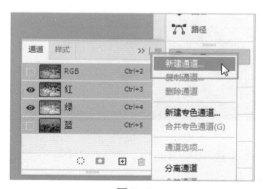

图 7-3

图 7-4   图 7-5

创建通道的具体方法如下：

1. 打开一张彩色图像，为其创建新的Alpha 1通道，创建时在【新建通道】
   对话框中选择【被蒙版区域】选项。如图7-6所示。

图 7-6

2. 选中Alpha 1通道并显示RGB通道，这时图像被一层透明的红色所蒙上，
   且Alpha 1通道的缩览图显示为黑色，如图7-7所示。

图 7-7

3 选择【橡皮擦】工具，反复擦拭蝴蝶区域，使蝴蝶完全显露出来，然后按下Ctrl键并单击Alpha 1通道，将前面擦除的内容转换为选区。此时的图像效果和【通道】面板如图7-8所示。图像中的选区部分在Alpha 1通道中呈现白色。

图 7-8

4 若创建Apha1通道时，选择了【所选区域】选项，则选中Alpha 1通道并显示RGB通道后的图像效果如图7-9所示。从图中可以看出，Alpha 1通道的缩览图呈现白色。

图 7-9

5　选择【画笔】工具，并反复在蝴蝶所在区域进行描绘，则此时的图像效果和【通道】面板如图7-10所示。从图中可以看出，蝴蝶区域蒙上了一层红色薄雾，且Alpha 1通道中所显示的蝴蝶区域呈现黑色。若此时按下【Ctrl】键并单击Alpha 1通道，可以选择蝴蝶区域，如图7-11所示。

图 7-10

图 7-11

2.创建专色通道

在创建专色通道之前，先建立一个选区，然后执行【通道面板】菜单中的【新建专色通道】命令，就会弹出如图 7-12 所示的【新建专色通道】对话框。

图 7-12

在【新建专色通道】对话框中，可以指定专色通道名称、颜色及密度。

除了上述方法，还可以通过把 Alpha 通道转换为专色通道的方法，来创建专色通道。具体方法如下：

1　选中所要转换的Alpha通道。

2　在【通道面板】控制菜单中选择【通道】选项命令，打开如图7-13所示的【通道选项】。

3　在【色彩指示】选区中选择【专色】单选钮，即可创建专色通道。

图 7-13

 　　无论创建的是什么类型的通道，所有信息都会在【通道】面板中显示出来。图像在位图模式下，不能加入新通道，在其他色彩模式下都可加入新通道。在一个图像文件中，最多可以有 25 个通道。

3.复制通道

在处理图像的过程中，如果要对某一颜色的通道进行多种处理，或者把一个图像的通道应用到其他图像上，这时就需要复制通道，复制通道的具体方法如下：

1️⃣　在【通道面板】中选定要复制的通道。

2️⃣　在面板的控制菜单中选择【复制通道】命令，打开【复制通道】对话框，如图7-14a所示。

图 7-14a

图 7-14b

图 7-14c

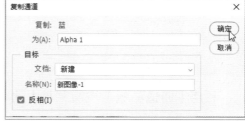

图 7-14d

③ 在【为】编辑框输入复制通道的名称。【目标】选项用于设置存储复制通道的图像，如图7-14b所示。

④ 如果在【文档】下拉列表框中选择了【新建】选项，并在【名称】编辑框中输入新图像的名称，如图7-14c所示。

⑤ 启用【反相】复选框将反转复制通道作为蒙版的区域。单击【确定】按钮，如图7-14d所示，可将通道复制到其他新图像。

4.删除通道

删除通道的方法比较简单，可以通过以下两种方法进行。

选定要删除的通道，然后在【通道】面板控制菜单中选择【删除通道】命令，如图 7-15 所示

也可以在【通道】面板中选择要删除的通道，然后将其拖动到该面板下部的【删除当前通道】按钮，如图 7-16 所示。

<table>
<tr><td>图 7-15</td><td>图 7-16</td></tr>
</table>

5.分离通道

利用【通道面板】控制菜单中的【分离通道】命令，可以将图像的每个通道分离成可独立地进行编辑和存储的灰度图像。当对如图 7-17 所示的图像进行通道分离后，这张图像分离为 3 个大小一样的灰度图像，并分别命名，如图 7-18 所示。

<table>
<tr><td>图 7-17</td><td>图 7-18</td></tr>
</table>

6.合并通道

与分离通道相反，还可以把分离出的灰度图像合成为一张混合图像。在灰度图片的宽度和高度的像素值一致的情况下，可以把不同的灰度图像合并起来。其具体操作步骤如下：

1️⃣ 执行【通道面板】控制菜单中的【合并通道】命令，弹出【合并通道】对话框，如图7-19所示。

2　在【合并通道】对话框中，【模式】下拉菜单可以选择色彩模式。当选
择RGB模式时，系统将打开【合并RGB通道】对话框，如图7-20所示。
此时，可在此对话框中选择需要合并哪些通道。

图 7-19　　　　　　　　　　　　　　图 7-20

3　在【合并RGB通道】对话框中，单击【确定】按钮，那些被选定的图像
文件会被合成为一个文件。

7.1.3　通道运算

可以使用【图像】菜单的【计算】命令和【应用图像】命令，对图像中
的通道进行合并操作，如图 7-21 所示。被处理的文件可以来自一个或多个
图像文件。但合并的通道来自两个或者两个以上的图像时，这些图像需要被
全部打开，且有相同的尺寸和分辨率。

1.计算命令

执行【图像】→【计算】命令，会弹出【计算】对话框，如图 7-22 所示。

图 7-21　　　　　　　　　　　　　　图 7-22

使用【计算】命令合成通道的具体操作步骤如下：

1 打开大小相同的两个源文件，如图7-23a、图7-23b所示。

图 7-23a   图 7-23b

2 选择【图像】→【计算】命令，打开【计算】对话框，在【源1】选区
中选择第1个源文件，设置【图层】选项为【背景】，【通道】选项为
【红】。

3 在【源2】选区中选择第2个源文件，设置【图层】选项为【背景】，
【通道】选项为【蓝】。

4 在【混合】选区中选择色彩混合模式为【强光】，【不透明度】为
100%，第2至第4步操作方法前文已经介绍过，在此不做赘述。

5 选择【蒙版】复选框，并将包含蒙版的图像设置为第2个源文件。具体
设置如图7-24所示。

6 在【结果】下拉列表框中选择【新建通道】选项，然后单击【确定】按
钮，则合成通道后的效果如图7-25所示。

图 7-24   图 7-25

2.应用图像命令

执行【图像】→【应用图像】命令，会弹出【应用图像】对话框，如图
7-26 所示。

图 7-26

使用【应用图像】命令合成通道的具体操作步骤如下：

1️⃣ 打开大小相同的两张图像，如图7-27a、图7-27b所示。

2️⃣ 选择图7-27a所示图像，将其作为目标图像，然后选择【图像】→【应
用图像】命令，打开【应用图像】对话框。将图7-27b所示图像作为源
图像，将混合模式设置为【柔光】，其他参数采用默认值，如图7-28
所示。

3️⃣ 最后单击【确定】按钮，将得到如图7-29所示的通道合成效果。

图 7-27a

图 7-27b

图 7-28

图 7-29

171

7.2 蒙版

蒙版就是蒙在图像上，用来保护图像选定区域的一层"版"。蒙版实际上是一张 256 级灰度图像。通过控制图层蒙版的黑白关系，即可控制图层的显示与隐藏。为图层创建蒙版后，可屏蔽图层中某些不需要编辑的部分或制作图像融合效果，从而增强图像处理的灵活性。

7.2.1 图层蒙版

通过修改图层蒙版，可以制作各种特殊效果，添加图层蒙版的步骤如下：

1. 打开一张图片，如图7-30所示，在【图层】面板中双击背景图层，会弹出【新建图层】对话框，单击【确定】，这样背景图层就转化为普通图层，如图7-31所示。

2. 用【魔棒】工具快速建立选区，如图7-32所示，在菜单栏中选择【图层】→【图层蒙版】→【隐藏选区】命令，如图7-33所示，完成后的效果如图7-34所示。这时，你会在图层缩览图的右边发现一个蒙版缩览图。

图 7-30

图 7-31

图 7-32   图 7-33

图 7-34

③ 这个蒙版缩览图分为黑、白两个区域，黑色区域意味着蒙版发挥了屏蔽作用，白色区域则没有被屏蔽而显示了出来。

7.2.2 剪贴蒙版

剪贴蒙版由两个或两个以上的图层组成，最下面的一个图层为基层，位于其上的图层为顶层。基层只能有一个，顶层可以为多个。剪切蒙版的好处在于不破坏原图像的完整性，并且可以随意在下层图层处理图像。

① 新建一个空白页面，在工具栏中单击【椭圆1】，在空白画布上画出一个椭圆，如图7-35所示。

图 7-35

2 在画布中导入一张图片，如图7-36所示，在导入图层的缩览图右击，弹出选项框，选择【创建剪贴蒙版】命令，如图7-37所示，最后效果如图7-38所示。

图 7-36

图 7–37

图 7–38

7.2.3 矢量蒙版

矢量蒙版就是通过矢量工具来创建图像的遮罩，图像的清晰度不会因为放大或者缩小操作而发生改变。

创建矢量蒙版的操作步骤如下：

1. 先打开一个郁金香的图片作为背景图片，然后再拖入一个人像图片在其上面图层，如图7–39所示。

图 7-39

② 在工具栏中选择【钢笔工具】，再在属性栏中选择【路径】，随便画一个封闭区域，在属性栏中选择【建立选区】，把钢笔所画的封闭区域转化为选区，如图7-40所示。

图 7-40

③ 在【图层】面板底部单击【添加图层蒙版】按钮，即可将选区创建为【矢量蒙版】，如图7-41所示，得到如图7-42的效果。在人像图层，人像缩览图与蒙版图中间有个链接，单击该链接，图像和蒙版图的关联关系会被取消，取消后的效果如图7-43所示。取消链接之后，就可以用

移动工具随意移动图像和蒙版图了，如图7-44所示。

| 图 7-41 | 图 7-42 |

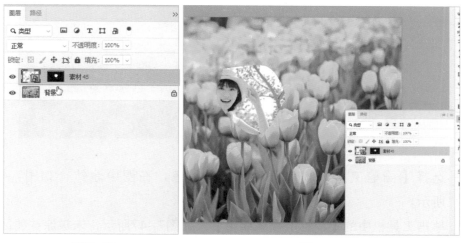

| 图 7-43 | 图 7-44 |

7.2.4 快速蒙版

快速蒙版是一种临时蒙版，利用它可以快速创建一个不规则的选区，在创建了快速蒙版之后，就相当于创建了一个临时的遮罩层，这时候可以在图像上利用画笔、橡皮擦等工具进行编辑。

运用快速蒙版的操作步骤如下：

1. 打开一张图片，把这个图像由背景图层转化为普通图层，然后单击工具栏中的【以快速蒙版模式编辑】，如图7-45所示。

图 7-45

2. 选择【画笔工具】，前景色设置为黑色，在图中涂抹，如图7-46所示。

3. 单击工具栏中的【以标准模式编辑】，如图7-47所示，未被涂抹的区域就会被选中，变成选区，这个时候，选择【矩形选框工具】，如图7-48所示。在选区中右击，弹出一个菜单栏，在弹出的菜单栏中选择【选择反向】命令，如图7-49所示，就能选中涂抹的区域，此时的效果如图7-50所示。

4. 选择【移动工具】，如图7-51所示。即可把选中的图形拖进另一个黄色的图像中，实现换背景的效果，如图7-52所示。

图 7-46

图 7-47

图 7-48

图 7-49

图 7-50

图 7-51

图 7-52

Chapter

08

第 8 章
路径的基本
应用

导读 ▷

路径是在图像处理过程中经常使用的一种方法。使用钢笔工具、磁性钢笔工具或自由钢笔工具生成的直线、曲线和完整图形称为路径。与使用铅笔等绘图工具绘制的图形不同，路径属于矢量图形，它并不修改图像中的像素，而是作为图像处理时的辅助工具。路径可以被保存、修改或转换，但不能在打印图像时一起输出。

学习要点：★掌握路径的创建方法和使用技巧
　　　　　★掌握路径的填充、描边、转换和调整
　　　　　等编辑操作

8.1 路径面板

在 Photoshop 中，路径是指使用路径工具绘制的线条、矢量图形论和形状。它们由节点、控制手柄和两点之间的连线组成。"路径面板"如图 8-1 所示。与通道相比，路径的线条更精确、更光滑。

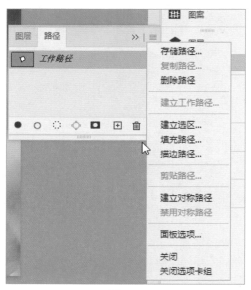

图 8-1

8.2 创建路径

创建路径的工具主要有【钢笔工具】组和【路径选择工具】组。

8.2.1 钢笔工具

【钢笔工具】是绘制路径的基本工具，直线或曲线路径都可以用它来绘制，并可以在绘制过程中编辑路径，如图 8-2 所示。

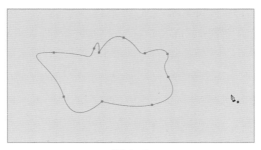

图 8-2

还可利用【钢笔工具】的选项栏调整【钢笔工具】的绘画属性，如图 8-3
所示。

图 8-3

使用【钢笔工具】绘制直线和折线时，只需要单击即可；在
绘制曲线时，控制方向线，可以改变曲线的长度和方向。

8.2.2　自由钢笔工具

使用【自由钢笔工具】，可绘制任意形状的曲线路径。选择该工具后，在
图像窗口单击即可确定路径起点，按住鼠标左键不放并拖动即可绘制路径，
松开鼠标左键即结束绘制，如图 8-4 所示。

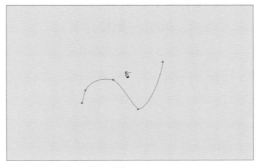

图 8-4

此外，如果在【自由钢笔工具】选项栏中选中【磁性的】复选框，如图 8-5 所示，此时【自由钢笔工具】将具有【磁性套索工具】的属性，如图 8-6 所示。

图 8-5

单击【自由钢笔工具】选项栏中的按钮右侧的下拉箭头，将打开一个【自由钢笔选项】下拉框，如图 8-7 所示。

图 8-6   图 8-7

8.2.3 根据选区创建路径

除了可利用【钢笔工具】和【自由钢笔工具】绘制路径外。还可将当前图像中任何选区转换为路径。只需在制作选区右击，在弹出的菜单中选择【建立工作路径】命令，如图 8-8 所示。弹出【建立工作路径】对话框，把容差填写为 2.0 像素，如图 8-9 所示，由选区转化为路径后的结果如图 8-10 所示。

图 8-8

图 8-9

图 8-10

8.3 管理和存储路径

路径面板的主要功能是保存和管理路径，比如隐藏工作路径，保存路径，创建新的路径，删除路径以及复制路径等。

8.3.1 隐藏工作路径

Photoshop 会把绘制好的路径，临时保存在工作路径层中，当前绘制的路径被称为工作路径。要在图像窗口中隐藏工作路径，其操作方法非常简单，只需要在【路径面板】的任意空白处单击即可，如图 8-11 所示。

图 8-11

工作路径是一种临时路径，若绘制新的路径，则原工作路径将被取代，所以当工作路径被隐藏起来之后，要想在工作路径中绘制新路径，则应首先在【路径面板】中单击工作路径层，显示当前的工作路径，再绘制新的路径。

8.3.2 保存工作路径

暂时不需要用的工作路径，可以先保存起来，保存的方法如下：

1️⃣ 单击【路径面板】右上角的按钮，在弹出的控制菜单中选择【存储路径】命令。

2️⃣ 在弹出的【存储路径】对话框中，可以给工作路径命名，然后单击

【确定】按钮，如图8-12所示，这样工作路径就被保存起来了。

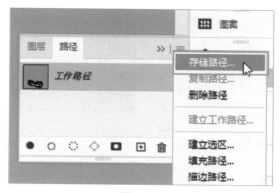

图 8-12

8.3.3 创建新路径

要想创建新路径，又不想影响当前的工作路径，可在【路径面板】中单击【创建新路径】按钮，这样一个新的路径图层就创建好了，如图 8-13a、图 8-13b 所示。

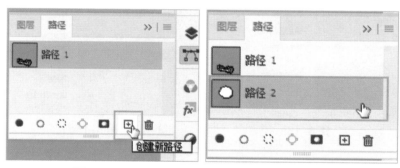

图 8-13a   图 8-13b

8.3.4 删除路径

要删除路径，可选用的方法有多种，其中最简单的是选中路径图层，直接按【Delete】键进行删除。另外，还可在选中路径图层后，点击鼠标右键，在弹出的快捷菜单中选择【删除路径】命令，或者直接将所选路径拖至【删除当前路径】按钮上，如图8-14a、图8-14b所示，即可完成对路径的删除。

图 8-14a　　　　　　　　　图 8-14b

8.3.5　复制路径

要复制路径，可在选中路径后右击，在弹出的菜单中选择【复制路径】命令，也可以在【路径面板】控制菜单中选择【复制路径】命令，如图 8-15a、图 8-15b 所示。

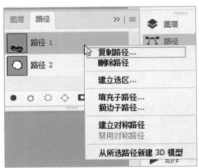

图 8-15a　　　　　　　　　图 8-15b

8.4　编辑路径

编辑路径主要是对路径的形状和位置进行调整和编辑，以及对路径进行移动、删除、关闭和隐藏等操作。

8.4.1　增加、删除锚点与续画路径

为了使路径符合要求，需要对路径进行修改，如增加、删除锚点以及续

画路径，常用的工具有【钢笔工具】【增加锚点工具】和【删除锚点工具】，具体操作方法也很简单，只需要选择相应的工具，然后把鼠标放至路径的适当位置上单击。比如，想续画路径，则只需要在选中【钢笔工具】后，将鼠标指针移至原路径的端点并单击即可，如图 8-16 所示。

图 8-16

8.4.2　调整路径

调整工作路径，最常用的工具是【路径选择工具】和【直接选择工具】，如图 8-17 所示。

图 8-17

【路径选择工具】主要用于调整路径。要选择路径，可利用【直接选择工具】单击路径边界。路径被选中后，锚点将显示为"口"形状，此时，可以通过拖动锚点、控制柄端点，以及路径边界来调整路径的形状。如图 8-18 所示。

图 8-18

　　使用【路径选择工具】时，按住 Shift 键，可以选中多个锚点，要想取消选中锚点，再次单击已选中的锚点即可。

8.4.3　路径变形

　　选择任何一个【路径编辑工具】，通过选择【编辑】→【自由变换路径】命令或【编辑】→【变换路径】命令中的相应选项可对路径进行变形，如图 8-19a、图 8-19b 所示。

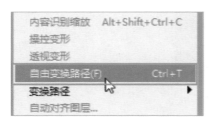

图 8-19a

图 8-19b

　　用【直接选择工具】选中了当前路径中的部分路径后，【编辑】菜单中相应位置的命令将变为【自由变换点】和【变换点】，通过【自由变换点】和【变换点】即可对该部分路径进行变形，如图 8-20 所示。

图 8-20

8.4.4 路径的填充和描边

要利用前景色填充路径封闭区域，可在【路径面板】中单击【用前景色填充路径】按钮，如图 8-21 所示。要利用背景色、图案或其他内容填充路径，可右击鼠标，在弹出的快捷菜单中选择【填充路径】按钮，如图 8-22 所示，弹出【填充路径】对话框，如图 8-23 所示。

图 8-21

图 8-22 图 8-23

要用【画笔】工具对路径进行描边，可单击【路径面板】中的【用画笔描边路径】按钮，如图 8-24 所示。要使用其他描边工具，可在【路径面板】控制菜单中选择【描边路径】命令，此时系统将打开如图 8-25 所示的【描边路径】对话框，在这个对话框中可以选择描边所用的绘画工具。

图 8-24 图 8-25

8.4.5　转换锚点类型

可以通过锚点来控制路径，路径中的锚点可分为 3 种类型，分别为直线锚点、曲线锚点和贝叶斯锚点，如图 8-26a、图 8-26b、图 8-26c 所示。

图 8-26a

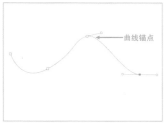

图 8-26b

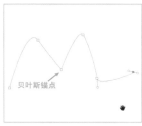

图 8-26c

8.4.6　路径和选区的相互转换

1.将选区转换为路径

要把选区转换为路径，其具体操作步骤如下：

1　当画布中已有选区时，单击【路径面板】中的【从选区生成工作路径】按钮，如图8-27所示，即可将选区转换为路径。

2　这时在【路径面板】中将会出现一个路径图层，如图8-28所示。

图 8-27

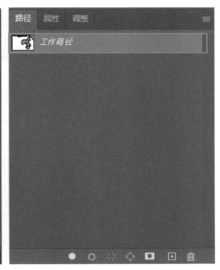

图 8-28

2.将路径转换为选区

可以把选区转换为路径，也可以把路径转换为选区，将路径转换为选区的方法有以下两种。

方法一：

单击【路径面板】下方的【将路径作为选区载入】按钮，如图 8-29 所示，即可将路径转换为选区。

方法二：

▮ 单击【路径面板】右上方的按钮，在弹出的快捷菜单中选择【建立选区】命令，如图8-30所示。

图 8-29

图 8-30

▮ 在弹出的【建立选区】对话框中设置参数，如图8-31所示，最后单击【确定】按钮即可。

图 8-31

Chapter

09

第 9 章
文字的基本
应用

文字是图像处理中常见的元素，它不仅能用来表述信息，而且能起到美化的作用。为图像添加文字并对其进行编辑处理，既可直观地表达图像所蕴涵的信息，也可提高图像的视觉效果。不仅可以输入横排或直排文字，还可以对输入的文字进行细致的格式化设置。

学习要点：★掌握文字工具的使用方法
★熟练使用字符面板与段落面板对文字属性进行更改

9.1 文字编辑

文字的主要功能是在设计中想大众传达作者的意图和各种信息，Photoshop 中的文字编辑主要包括文字工具，创建文字工具的选区，输入点文字、段落文字以及将点文字转换为段落文本。

9.1.1 认识文字工具

在工具箱中打开文字工具组，其中包括 4 种工具，它们分别是【横排文字工具】【直排文字工具】【直排文字蒙版工具】【横排文字蒙版工具】，如图 9–1 所示。

图 9–1

【横排文字工具】【直排文字工具】主要用来创建实体文字，如点文字、段落文字、路径文字、区域文字等，而【直排文字蒙版工具】【横排文字蒙版工具】则主要用来创建文字的形状的选区。

文字的字体、颜色、大小属于文字的属性，这些都需要在输入文字前设置好。在文字工具栏如图 9–2 所示，或者【字符面板】中都可以对文字属性进行设置，如图 9–3 所示。

| ⌂ | T ∨ | ⏸ | 方正楷体_GBK | ∨ | - | ∨ | ⫟T | 120 点 | ∨ | aa | 锐利 | ∨ | ≣ ≣ ≣ | ▋ | ⫰ | ▦ | 3D |

图 9–2

图 9-3

9.1.2 创建点文本

点文本是最常用的文本形式，常用于较短文字的输入，如文章标题、书籍名称、广告标语等，创建点文本的步骤如下：

1 在工具箱中选择【横排文字工具】，然后在图像窗口中的目标位置单击鼠标左键，此时画布上会出现一个文字的插入点，如图9-4所示。

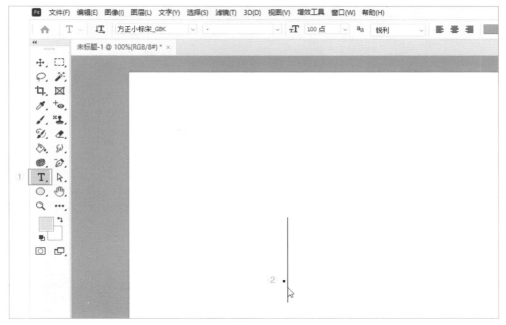

图 9-4

2 用键盘输入文字，效果如图9-5所示，文字会沿着横向排列。此时点开【图层】面板，可以发现自动生成了一个文字图层，如图9-6所示。

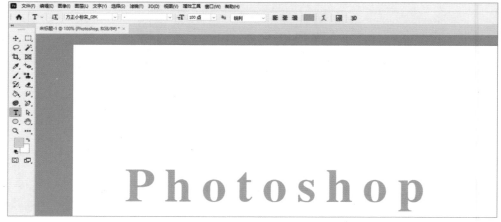

图 9-5

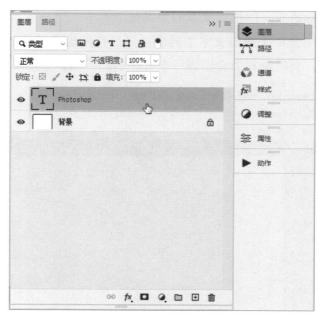

图 9-6

9.1.3 创建段落文本

1.创建段落文本

　　段落文本可以把文字限定在一个矩形范围内，在这个矩形范围内可以输入大量的文字，建立段落文本的步骤如下：

1　在工具箱中选择【直排文字工具】，然后在画布上按住鼠标左键拖动，
　绘制出一个矩形的定界框，如图9-7所示。

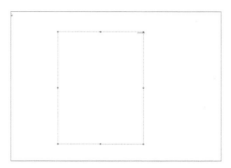

图 9-7

2　插入点显示在定界框的左上角，此时输入文字，随着文字的增多，当一
　行排不下时，文字会自动换行。

3　输入文字，效果如图9-8所示。如需要对文字进行换行，按【Enter】键
　即可。

图 9-8

2.调整定界框

文字输入完毕后，可以对文字定界框的大小进行调整，还可以旋转定界框及改变定界框的倾斜度，具体步骤如下：

1 将鼠标光标移动到定界框的控制点上，这时光标会变为拉伸箭头，如图9-9所示。

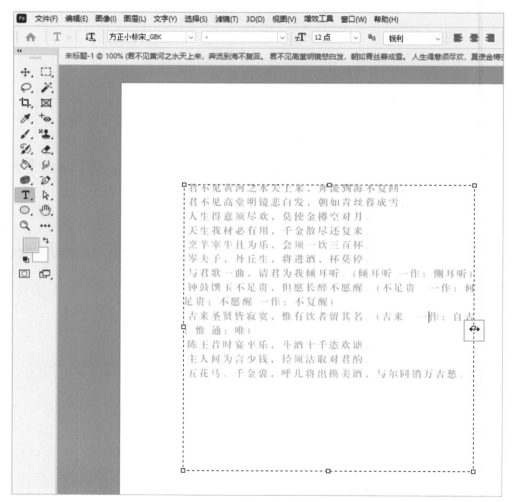

图 9-9

2 按住鼠标左键，拖曳控制点可以改变定界框的大小，如图9-10所示。

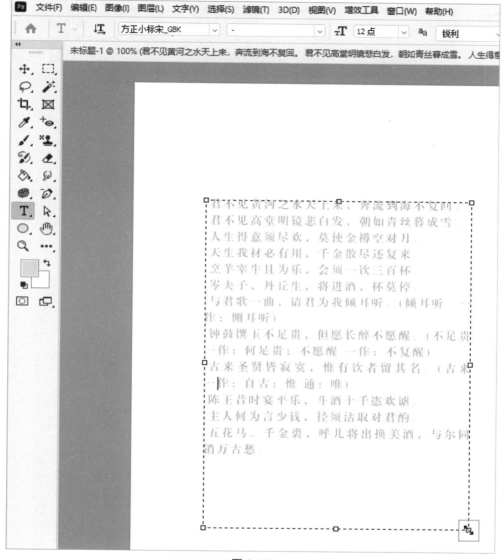

图 9-10

3　将鼠标光标放在定界框的外侧，光标变为双向箭头，按住鼠标左键拖动
控制点，可以旋转定界框，如图9-11所示。

4　按住【Ctrl】键，并将鼠标光标放在定界框的外侧，这时光标变为白
色箭头，按住鼠标左键并拖动，可以改变定界框的倾斜度，如图9-12
所示。

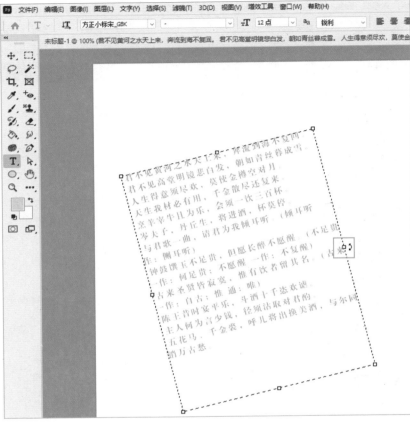

图 9-11

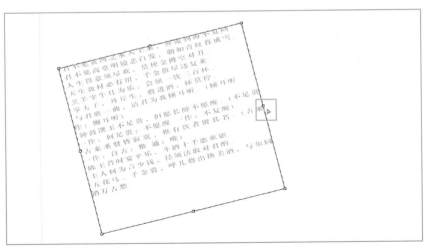

图 9-12

3.段落设置

段落文本的对齐方式、段落的缩进等参数，可以在【段落面板】中设置，执行【窗口】→【段落】命令，弹出【段落】面板，如图 9-13 所示。

图 9-13

9.1.4　点文本与段落文本的转换

点文本和段落文本虽然有所不同，但是它们之间是可以相互转换的，具体操作步骤如下：

1　新建一个空白文档，在文档中建立点文字图层，如图9-14所示。

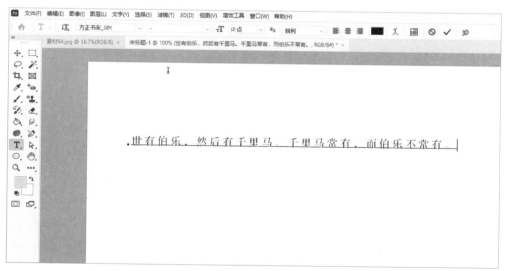

图 9-14

2　选中文字图层，在菜单栏中选择【文字】菜单，执行【转换为段落文本】

命令，或者在【图层面板】中右击文字图层，在弹出的快捷菜单中，选择【转换为段落文本】命令，如图9-15a、图9-15b所示。

图 9-15a

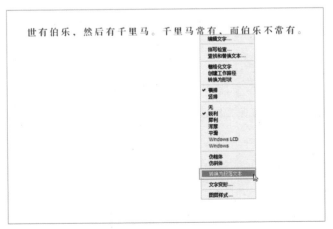

图 9-15b

3 点文本转换为段落文本的效果如图9-16所示。

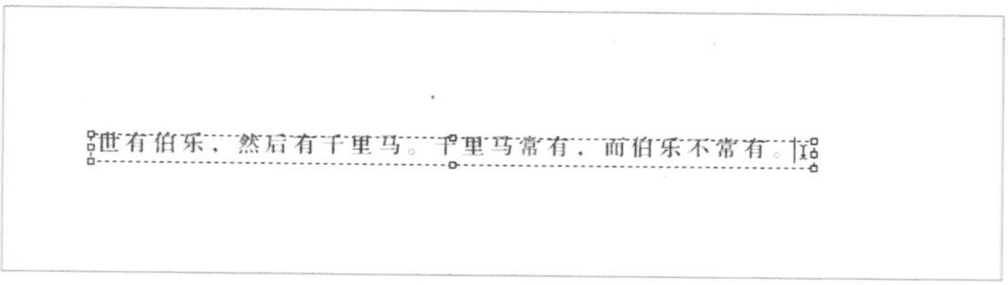

世有伯乐，然后有千里马。千里马常有，而伯乐不常有。

图 9-16

把段落文本转换为点文本的操作方式与把点文本转换为段落文本的操作方式类似，在此不做赘述。

实用贴士 在把段落文本转换为点文本之前，要先调整定界框，让溢出定界框的文字全部显示出来，然后再转换，不然溢出定界框的文字在转换之后将被删除。

9.2 设置文字效果

点文本和段落文本都是比较规则的文本样式，有时候可能需要一些排得不那么规则的文字效果，这个时候就要对文字进行设置，创建变形文字和路径文字就可以达到这样的效果。

9.2.1 变形文字

在制作艺术字效果时，往往要对文字进行变形，具体操作步骤如下：

1 在文档中输入文字，选中自动生成的文字图层，单击【文字】工具选项栏中的【创建文字变形】按钮，弹出【变形文字】对话框，如图9-17所示。

2 在【样式】选项的下拉列表中有多种文字的变形效果，如图9-18所示，选择其中的一种变形效果，比如，选择【鱼眼】，则其文字变形前后的对比效果，如图9-19a、图9-19b所示。

图 9-17

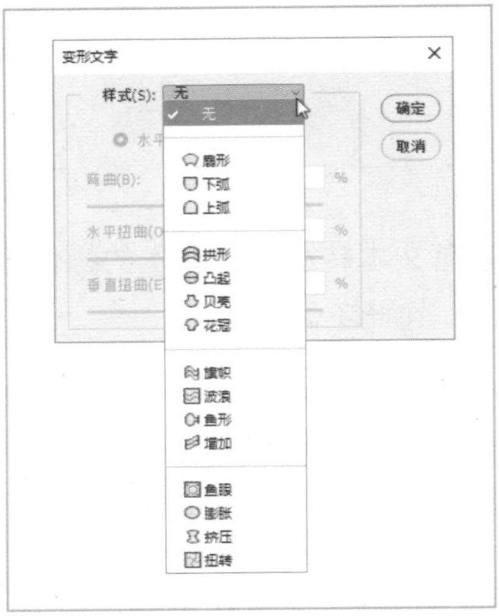

图 9-18

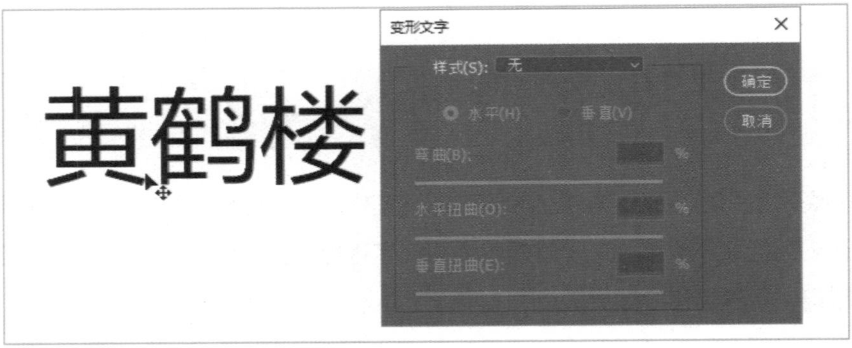

图 9-19a

图 9-19b

③　要想取消文字的变形效果，只需要在【样式】中选择【无】即可。

9.2.2　路径文字

1.创建路径文字

为了实现文字排列样式的多样化，可以创建路径文字，让文字沿着路径排列，这样就可以通过调整路径的形状，来改变文字的排列效果了，具体操作步骤如下：

① 新建一个空白文档，在工具箱中选择【钢笔工具】，在图像窗口的画布上绘制路径，如图9-20所示。

② 在文字工具组中选择【横排文字】工具，将鼠标光标移动到路径上并点击，此时路径上出现了文字的输入点，如图9-21所示。

图 9-20　　　　　　　　　　图 9-21

③ 从文字的输入点开始输入文字，文字会沿着已经绘制好的路径的形状进行排列，效果如图9-22所示。

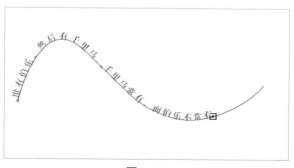

图 9-22

4 输入完文字，打开【路径面板】，面板中多了一个自动生成的文字路径图层，如图9-23所示。如果想隐藏文字路径，取消【视图】→【显示额外内容】命令的选中状态，如图9-24所示。

图 9-23 图 9-24

2.移动、翻转文字

在路径上已经输入完成排列好的文字，如有需要，也可以进行移动，具体操作步骤如下：

1 已经创建好的路径文字，如图9-25所示。

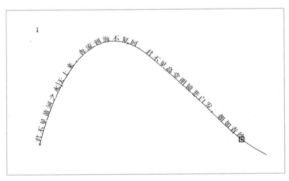

图 9-25

2 在工具箱中选择【路径选择工具】，将光标移动到文字上，单击并按照鼠标左键拖动，如图9-26，这样就可以移动文字了，效果如图9-27所示。

3 在工具箱中选择【路径选择工具】，将光标移动到文字上，在垂直方向上拖曳，可以沿路径翻转文字，效果如图9-28所示。

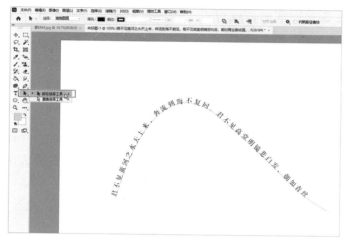

图 9-26

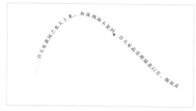

图 9-27

图 9-28

9.2.3　创建文字路径

创建文字对象的路径的具体操作步骤如下：

1️⃣　在空白文档中输入文字，如图9-29所示。

2️⃣　单击【文字】菜单中的【创建工作路径】命令，这样就可以创建文字的路径，如图9-30所示。

将 进 酒

图 9-29

图 9-30

3　文字路径创建完成后，就可以对路径进行描边、填充或创建矢量蒙版等操作。

9.2.4　将文字转换为形状

有时要对文字进行变形操作，需要把文字转换为形状，具体操作步骤如下：

1　在空白文档中输入文字，单击【文字】菜单中的【转换为形状】命令，如图9-31所示。

2　打开【图层】面板，面板中的文字图层转换为形状图层，如图9-32所示。

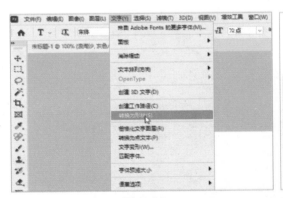

图 9-31

图 9-32

3　文字转换为的图像为矢量图像，可以用【直接选择工具】来改变文字的形状，如图9-33所示。

图 9-33

Chapter

10

第10章

滤镜特效

导读 ▷

滤镜是Photoshop中功能最丰富、效果最奇特的命令。它不仅可以制作各种特效，而且可以使图像生成各种各样的艺术效果，如水彩画效果，马赛克效果，球面化效果、波浪效果及浮雕效果等，极大地丰富了处理图形效果的手段。

学习要点：★了解常用滤镜的概念

★了解滤镜菜单并掌握滤镜的应用方法

★学会在图像处理中合理应用各种滤镜效果

10.1 认识滤镜

滤镜主要用来实现图像的各种效果，它不仅能改变图像的色彩，也能改变滤镜的形状。使用起来非常简单，选择需要应用滤镜的图片，执行一个简单的滤镜命令即可。

单击菜单栏中的【滤镜】菜单，在打开的滤镜菜单中罗列了很多滤镜，如图 10-1 所示。

图 10-1

10.2 滤镜库的应用

滤镜库中集中了很多滤镜，每种滤镜的效果虽然不同，但使用方法相似。执行【滤镜】→【滤镜库】命令，弹出【滤镜库】对话框，如图 10-2 所示。可以看到滤镜库中包括风格化滤镜组、画笔描边滤镜组、扭曲滤镜组、素描滤镜组、纹理滤镜组、艺术效果滤镜组。

图 10-2

　　在【滤镜库】对话框中可以给图像添加一个滤镜，也可以添加多个不同的滤镜，从而使图像产生多个滤镜叠加后的效果，例如为图像添加【海洋波纹】滤镜，如图 10-3 所示。单击【滤镜库】面板右下角的【新建效果图层】按钮，如图 10-4 所示，可生成新的效果图层，在这个图像上添加【染色玻璃】滤镜，两个滤镜叠加后的效果如图 10-5 所示。

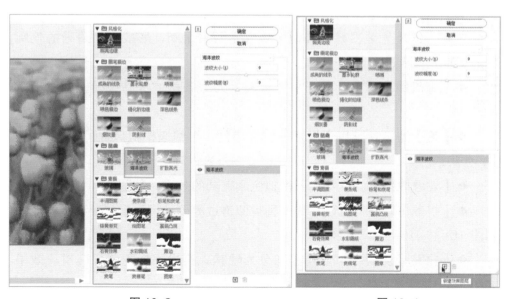

图 10-3　　　　　　　　　　　　　　　　图 10-4

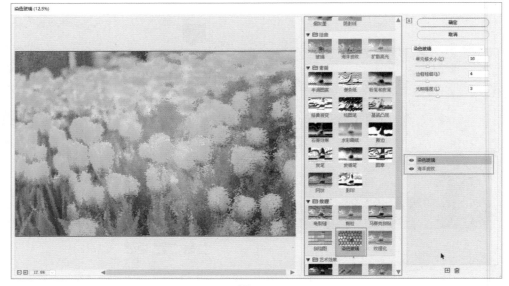

图 10-5

10.2.1 风格化滤镜

风格化滤镜包括查找边缘、等高线、风、曝光过度、照亮边缘等，打开一张图片，如图 10-6 所示。

◆【查找边缘】滤镜：自动搜索图像像素对比变化剧烈的边界，使高反差区变亮，低反差区变暗，其他区域介于两者之间，形成一个清晰的轮廓，如图 10-7 所示。

◆【等高线】滤镜：用于将图像转换为线条感的等高线图，如图 10-8 所示。

◆【风】滤镜：常用于增加一些细小的水平线来模拟风吹的效果，如图 10-9 所示。

◆【浮雕效果】滤镜：用于模拟金属雕刻的效果，如图 10-10 所示。

◆【扩散】滤镜：可以创建一种类似透过磨砂玻璃观看的分离模糊效果，如图 10-11 所示。

◆【拼贴】滤镜：可以将图像分为块状，产生不规则的瓷砖拼凑效果，如图 10-12 所示。

◆【曝光过度】滤镜：可以产生图像正片和负片混合的效果，它类似于在摄影中增加光线强度以产生曝光过度的效果，如补图 10-13 所示。

◆【凸出】滤镜：可将图像分成一系列大小相同且有机重叠放置的立方体或锥体，以产生特殊的三维背景效果，如图 10-14 所示。

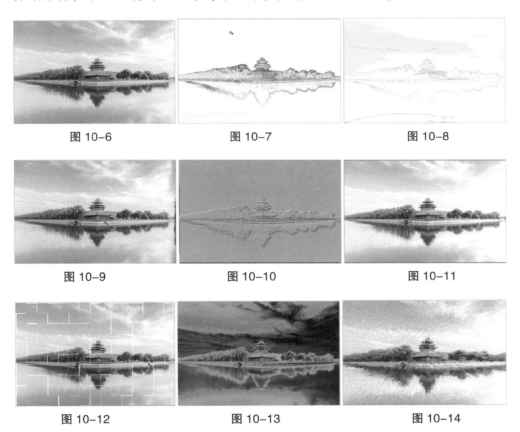

图 10-6　　　　　　　　　　图 10-7　　　　　　　　　　图 10-8

图 10-9　　　　　　　　　　图 10-10　　　　　　　　　　图 10-11

图 10-12　　　　　　　　　　图 10-13　　　　　　　　　　图 10-14

10.2.2　画笔描边滤镜

画笔描边滤镜中的一些滤镜可以产生绘画效果，但是这个滤镜对 Lab 和 CMYK 色彩模式的图像都不起作用。画笔描边滤镜包括成角的线条、墨水轮廓、喷溅、喷色描边、深色线条等，打开一张图片，如图 10-15 所示。

◆【成角的线条】滤镜：通过对角描边重新绘制图像，能够产生倾斜笔画的效果，如图 10-16 所示。

◆【墨水轮廓】滤镜：能够使图像中的颜色边界产生黑色轮廓效果，如

零基础图像处理从入门到精通

图 10-17 所示。

◆【喷溅】滤镜：能够模拟喷枪，使画面产生水沸腾一样的颗粒飞溅效果，如图 10-18 所示。

◆【喷色描边】滤镜：与【喷溅】滤镜效果类似，可以产生斜纹的飞溅效果，如图 10-19 所示。

◆【强化的边缘】滤镜：可以强化颜色之间的边界，如图 10-20 所示。

◆【深色线条】滤镜：与【成角的线条】滤镜相似，可以使图像产生重重的黑色阴影效果，如图 10-21 所示。

◆【烟灰墨】滤镜：可以使图像产生油墨画笔的效果，这种滤镜效果在处理带文字的图像时，效果更为明显，如图 10-22 所示。

◆【阴影线】滤镜：保留原始图像的细节和特征，模拟铅笔阴影线添加纹理，使色彩区域的边缘变粗糙，如图 10-23 所示。

图 10-15

图 10-16

图 10-17

图 10-18

图 10-19

图 10-20

图 10-21

图 10-22

图 10-23

216

10.2.3 扭曲滤镜

扭曲滤镜可以用来创建多种扭曲变形效果以及改变图像的分布。扭曲滤镜有波浪、波纹、极坐标、挤压、球面化等，打开一张图片，如图 10-24 所示。

◆【波浪】滤镜：可使图像产生类似波浪起伏的效果，可以用来制作带有波浪形纹理和边缘的图片，如图 10-25 所示。

图 10-24   图 10-25

◆【波纹】滤镜：可使图像产生类似水面波纹的效果，如图 10-26 所示。

◆【玻璃】滤镜：可使图像显示得好像是透过各种不同的玻璃观看而显示的效果，如图 10-27 所示。

◆【海洋波纹】滤镜：可在图像表面随机产生波纹，产生图像犹如置入水中的效果，如图 10-28 所示。

图 10-26   图 10-27

◆【极坐标】滤镜：可使图像从平面坐标转为极坐标，或从极坐标转为平面坐标，如图 10-29 所示。

◆【挤压】滤镜：可以将选区内的图像或者整个图像产生向内或向外挤压的效果，如图 10-30 所示。

◆【镜头校正】滤镜：可以修复常见的镜头瑕疵，如桶形和枕形失真，如图 10-31 所示。

◆【切变】滤镜：可以将图像按照设定好的曲线来扭曲图像，如图 10-32 所示。

◆【球面化】滤镜：可以把选区内的图像或者整个图像向外"膨胀"成为球形，可以通过设置不同的模式，而产生不同的球面化效果，如图 10-33 所示。

图 10-28

图 10-29

图 10-30

图 10-31

◆【水波】滤镜：可以使图像产生类似把石子扔进平静的湖面而产生圈圈涟漪的效果，如图 10-34 所示。

◆【旋转扭曲】滤镜：可以使图像产生围绕图像中心旋转的效果，旋转的方向可以是逆时针也可以是顺时针，如图 10-35 所示。

图 10-32

图 10-33

◆【置换】滤镜：根据 PSD 格式的图像文档的亮度值使现有图像的像素值重新排列并产生位移，如图 10-36 所示。

图 10-34

图 10-35

图 10-36

10.2.4　素描滤镜

素描滤镜只对 RGB 或灰度模式的图像起作用，它可以使图像产生类似素描或速写的艺术效果，在使用素描滤镜的时候，设置不同的前景色或者背景色，可以产生不同的效果。素描滤镜有半调图案、便条纸、撕边、塑料效果、图章等，打开一张图片，如图 10-37 所示。

◆【半调图案】滤镜：可以模拟半吊网屏的效果，且可以使图像保持连续的色调范围，如图 10-38 所示。

◆【便条纸】滤镜：可以使图像产生凹凸不平的草纸画面效果，其中凹陷部分用前景色填充，凸出部分用背景色填充，如图 10-39 所示。

◆【粉笔和炭笔】滤镜：可以调整图像的高光和中间调，炭笔用前景色绘制，粉笔用背景色绘制，如图 10-40 所示。

◆【撕边】滤镜：可使图像产生类似纸片被撕开后的那种凹凸不均匀的粗糙形状效果，如图 10-41 所示。

◆【炭笔】滤镜：可使图像产生类似炭精笔纹理效果，如图 10-42 所示。

◆【炭精笔】滤镜：可使图像产生类似浓黑和纯白的炭精笔纹理效果，其在暗部使用前景色，在亮部使用背景色，如图 10-43 所示。

图 10-37　　　　　　　　　　　　　图 10-38

图 10-39　　　　　　　　　　　　　图 10-40

图 10-41　　　　　　　　　　　　　图 10-42

◆【图章】滤镜：可使图像产生类似影印的效果，如图 10-44 所示。

◆【网状】滤镜：可使图像产生一种网眼覆盖的效果，如图 10-45

所示。

◆【影印】滤镜：可使图像产生一种影印效果，如图 10-46 所示。

图 10-43

图 10-44

图 10-45

图 10-46

10.2.5　纹理滤镜

纹理滤镜可使图像更加有深度感和质感。纹理滤镜有龟裂缝、颗粒、拼缀图、纹理化等，打开一张图片，如图 10-47 所示。

◆【龟裂缝】滤镜：可以使多种色值和灰度值的图像产生浮雕效果，也可以使空白的画面生成各种类似龟甲的裂纹效果，如图 10-48 所示。

◆【颗粒】滤镜：可以使图片产生凹凸不平的颗粒感效果，如图 10-49 所示。

◆【马赛克拼贴】滤镜：可以使图像产生类似马赛克网格的效果，如图 10-50 所示。

◆【拼缀图】滤镜：与【马赛克拼贴】滤镜相比，它使图像产生的立体效果更加明显，另外，它还可以随机减小或增大拼贴的深度，以模拟高光和阴影，如图 10-51 所示。

◆【染色玻璃】滤镜：可以产生不规则分离的彩色玻璃格子，其分布与图片中的颜色分布有关，如图 10-52 所示。

◆【纹理化】滤镜：可以在图像中加入各种纹理效果，可以选择的纹理有【砖形】【粗麻布】【画布】和【砂岩】，如图 10-53 所示。

图 10-47

图 10-48

图 10-49

图 10-50

图 10-51

图 10-52

图 10-53

10.2.6 艺术效果滤镜

通过艺术效果滤镜只能应用于 RGB 色彩模式和多通道色彩模式的图像，使图像产生类似绘画的艺术效果。艺术效果滤镜有壁画、粗糙蜡笔、干画笔、绘画涂抹、霓虹灯光等，打开一张图片，如图 10-54 所示。

◆【壁画】滤镜：可以改变图像的对比度，还可以使暗部区域的图像轮廓更加清晰，产生类似壁画的绘画效果，如图 10-55 所示。

◆【彩色铅笔】滤镜：可使图片产生类似用彩色铅笔绘制图画的艺术效果，如图 10-56 所示。

  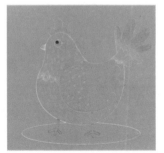

图 10-54   图 10-55   图 10-56

◆【粗糙蜡笔】滤镜：可以擦掉纹理最暗的部分，产生覆盖的纹理效果，非常适合处理带文字的图像，如图 10-57 所示。

◆【底纹效果】滤镜：可使图像根据纹理类型的喷绘效果产生一种图像，如图 10-58 所示。

◆【调色刀】滤镜：可使图像的暗调区域更加黑暗，产生大写意的绘画艺术效果，如图 10-59 所示。

图 10-57

图 10-58

图 10-59

◆【干画笔】滤镜：可使图像产生介于油彩和水彩之间的绘画艺术效果，如图 10-60 所示。

◆【海报边缘】滤镜：可减少图像中的颜色数量，并查找图像的边缘，在图像边缘上填充黑色，如图 10-61 所示。

◆【海绵】滤镜：可使图像产生类似被海绵浸湿的艺术效果，如图 10-62 所示。

图 10-60

图 10-61

图 10-62

◆【绘画涂抹】滤镜：可以使用各种类型的画笔，使图像产生被画笔涂抹的艺术效果，如图 10-63 所示。

◆【胶片颗粒】滤镜：可使图像产生一种软片颗粒的纹理效果，如图 10-64 所示。

◆【木刻】滤镜：可使图像产生一种修剪过的彩纸图的效果，如图 10-65 所示。

◆【霓虹灯光】滤镜：可在图像中添加发光的效果，使用该滤镜可以柔化图像，还可为图像着色，如图 10-66 所示。

◆【水彩】滤镜：可使图像产生一种水彩画的效果，如图 10-67 所示。

◆【塑料包装】滤镜：可以产生一种表面质感很强的塑料包装效果，使图像具有鲜明的立体感，如图 10–68 所示。

图 10–63

图 10–64

图 10–65

图 10–66

图 10–67

图 10–68

10.3 其他滤镜组

Photoshop 把一些效果相近的滤镜被整合在滤镜组中，使用方法也极为相似，用这些滤镜可以使图像产生各种不同的奇妙效果。

10.3.1 模糊滤镜

模糊滤镜可以减少图像中相邻像素的对比度，使图像产生模糊效果。模糊滤镜有表面模糊、动感模糊、高斯模糊、径向模糊、镜头模糊、特殊模糊等，打开一张图片，如图 10–69 所示。

◆【表面模糊】滤镜：可以把两种接近

图 10–69

225

的颜色融合为一种颜色，可以在保留硬边缘的同时，模糊图像，从而减少了画面的细节和降噪。

◆【动感模糊】滤镜：可以使图片产生向一定方向移动的动态模糊效果，如图 10-70 所示。

◆【方框模糊】滤镜：基于相邻像素的平均颜色值来模糊图像，产生方块状的特殊模糊效果。

◆【高斯模糊】滤镜：可以在图像中添加低频细节，使图像产生一种朦胧的效果，如图 10-71 所示。

◆【模糊】滤镜：可使图像产生轻微的模糊效果，常用来在颜色显著变化的地方消除杂色。

◆【进一步模糊】滤镜：产生的模糊效果也比较弱，为【模糊】滤镜效果的 3～4 倍。

◆【径向模糊】滤镜：可以模拟缩放或旋转相机时产生的模糊效果，如图 10-72 所示。

◆【镜头模糊】滤镜：可以使图像产生更窄的景深效果，【镜头模糊】滤镜产生的效果是通过"通道"或"蒙版"中的黑白信息为图像中的不同部分添加不同程度的模糊效果。

◆【平均】滤镜：通过查找图像或选区的平均颜色，再用该平均颜色填充图像或选区，进而得到平滑的外观效果。

图 10-70

图 10-71

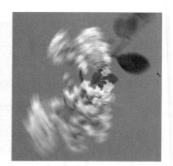
图 10-72

像素化滤镜

　　像素化滤镜可将图像分块或平面化处理。像素化滤镜有彩块化、彩色半调、点状化、晶格化等，打开一张图片，如图 10-73 所示。

图 10-73

　　◆【彩色半调】滤镜：可使图像产生类似半色调网屏的效果，并且将图像中的每个色彩通道都转变成着色网点，网点的大小受图像亮度的影响，如图 10-74 所示。

图 10-74

　　◆【点状化】滤镜：可以将图像中的颜色分散为随机分布的色彩斑点，产生类似点状绘画的效果，如图 10-75 所示。

　　◆【晶格化】滤镜：可以使相近的像素集中到多边形的色块中，产生类似结晶颗粒的效果，如图 10-76 所示。

　　◆【马赛克】滤镜：可以使像素结为方形色块，产生一些特殊的图案效果，如图 10-77 所示。

　　◆【碎片】滤镜：将图像的像素复制 4 次，然后将这些像素平均分布，并产生相应的偏移，最终产生一种不聚焦的效果，如图 10-78 所示。

图 10-75

图 10-76

图 10-77

图 10-78

◆【铜板雕刻】滤镜：可以用点、线条和笔画重新生成图像，产生镂刻的版画效果，如图 10-79所示。

图 10-79

10.3.3 渲染滤镜

渲染滤镜可绘制火焰、图片框、各种类型的树木、云彩图案以及模拟光线反射和场景中的光照效果，渲染滤镜有火焰、图片框、树、分层云彩、镜头光晕、纤维、云彩等，打开一张图片，如图 10-80 所示。

◆【火焰】滤镜：可以绘制出沿路径排列的火焰，但在使用该滤镜之前，首先要绘制出一条路径。

◆【图片框】滤镜：可以在图像边缘处各种类型的边框。

◆【树】滤镜：与【火焰】滤镜的使用方法类似，可以创建出各种类型的树。

◆【分层云彩】滤镜：可以将云彩数据与现有的像素以"差值"方式进行混合，如图 10-81 所示。

图 10-80

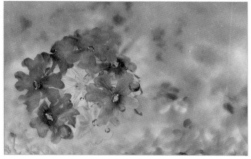

图 10-81

◆【光照效果】滤镜：可以在图像中添加灯光，并且可以设置不同类型的光源，产生不同的光照效果，还可以用灰度文件作为凹凸纹理涂，制作出类似 3D 的效果。

◆【镜头光晕】滤镜：可模拟亮光照射到相机镜头所产生的折射效果，在图像中可产生炫光效果，如图 10-82 所示。

图 10-82

10.3.4　杂色滤镜

杂色滤镜可以添加或移去图像中的杂色混合干扰，制作出着色像素图案的纹理。杂色滤镜有减少杂色、蒙尘与划痕、去斑、添加杂色等，打开一张图片，如图 10-83 所示。

◆【减少杂色】滤镜：在设置图像的各个通道、移去图像或选区的不自然感的同时减少杂色。

◆【蒙尘与划痕】滤镜：常用于照片的降噪或磨皮，也能够制作图片转手绘的效果，如图 10-84 所示。

图 10-83

图 10-84

◆【去斑】滤镜：可以寻找图像中色彩变化最大的区域，并模糊边缘外的所有区域。

◆【添加杂色】滤镜：可以在图像中添加随机的单色或彩色的像素点，如图 10-85 所示。

◆【中间值】滤镜：可以混合选区中像素的亮度来减少杂色。

图 10-85

10.3.5 其他滤镜

【其他滤镜组】有 HSB/HSL、高反差保留、位移、自定、最大值、最小值这 6 种特殊滤镜。打开一张图片，如图 10-86 所示。

◆【HSB/HSL】滤镜：H、S、B、L 分别表示色相（Hue）、饱和度（Saturation）、明度（Brightness）和亮度（Lightness）。该滤镜命令能够实现 RGB 与 HSB 的相互转换。

执行【滤镜】→【其他】→【HSB/HSL】命令，调整前后的图像效果，如图 10-87 所示。

图 10-86

图 10-87

◆【高反差保留】滤镜：可以在图像颜色、明暗反差较大的区域，按指定的半径保留边缘处的细节，将其他区域填充为灰色，从而展现图像的轮廓。

执行【滤镜】→【其他】→【高反差保留】命令，调整前后的图像效果，如图 10-88 所示。

◆【位移】滤镜：可以在水平或者垂直方向上移动图像。

执行【滤镜】→【其他】→【位移】命令，调整前后的图像效果，如图 10-89 所示。

图 10-88

图 10-89

◆【自定】滤镜：可以根据系统内提供的数学算法（卷积）更改图像中每个像素的亮度值。

执行【滤镜】→【其他】→【自定】命令，调整后的图片效果，如图 10-90 所示。

◆【最大值】滤镜：可以将图像转换为圆形或方形的虚化变亮效果，如图 10-91 所示。

图 10-90

图 10-91

◆【最小值】滤镜：可以将图像
转换为圆形或方形的虚化变暗效果，
如图 10-92 所示。

图 10-92